AF533780

Baobab

Ein Portrait
von
Marc Engelhardt

NATURKUNDEN

NATURKUNDEN № 70

herausgegeben von Judith Schalansky
bei Matthes & Seitz Berlin

Inhalt

Ein Baum wie ein Wald

Meine erste Begegnung mit einem Baobab hatte ich im Norden Senegals, eine halbe Tagesreise südlich der Sahara. Natürlich hatte ich schon oft welche gesehen. Die knorrigen, teils mehr als 20 Meter hohen und unglaublich massigen Baumriesen sind unübersehbar. Zudem wachsen sie in nahezu allen Ländern jenseits der großen Wüste, vom feuchten Kongobecken und dem kühlen Kap einmal abgesehen. Wohin ich in Afrika auch reiste, der Baobab war immer schon da. Aber an jenem Abend nahm ich einen von ihnen erstmals wirklich wahr. Seither bin ich dem Baobab verfallen.

Dabei war dieser Baobab zunächst nichts als ein monströser Schatten am Horizont. Mein Fahrer Ismaïl und ich saßen in einem zerbeulten Landrover, nachdem ich die Rückfahrt über den Fleuve Sénégal glücklich überstanden hatte. Es war die letzte Etappe einer Reise durch die Ausläufer der Sahara, wo ich Gärten besuchte, die ein aktivistischer Sheikh der nach Süden wandernden Wüste abgetrotzt hatte. Vor allem aber sah ich staubige, trockene Landstriche, in denen Bauern mühsam versuchten, ein- oder zweimal im Jahr ein bisschen Hirse zu ernten. Ihre Familien mussten sie ansonsten mit ein paar Tassen Milch der ausgemergelten Hausziege durchbringen. Hier, südlich des Grenzflusses zu Mauretanien, sah es nicht viel fruchtbarer aus. Brütende Hitze lag über der öden Landschaft, Schweiß rann an mir herab, durch das offene Fenster wehte rötlicher Staub. Als sich in der Ferne ein flirrender Schatten abzeichnete, dachte ich zunächst an eine Luftspiegelung. Im schon tief stehenden Sonnenlicht sah es aus, als habe sich die skelettartige Hand eines riesigen Zombies aus seinem staubigen Grab erhoben, um blind nach dem schwindenden Blau des Himmels zu greifen. Ich bat Ismaïl, den Wagen anzuhalten.

Als der französische Naturforscher Michel Adanson im August 1749 erstmals einen Baobab zu Gesicht bekam, gar nicht weit von dort, wo ich mich zu jenem Zeitpunkt befand, war er überwältigt. »Ich glaube nicht, dass man etwas Ähnliches schon jemals irgendwo auf der Welt gesehen hat«, schrieb er später in seiner *Naturgeschichte des Senegal*. Von seinem einheimischen Führer ließ er sich von einem Baobab zum nächsten bringen und kam aus dem Staunen über die schiere Größe des Baums nicht heraus. 65 *pieds de roi*, mehr als 21 Meter, messe der Umfang des ersten Stamms, je 63 Fuß ein zweiter und ein dritter. Jeder Ast sei für sich genommen so dick wie der Stamm eines monströsen europäischen Baumes, schrieb Adanson. Manche wüchsen in die Horizontale, dann sei der ›Bahobab‹ doppelt so breit wie hoch. Auch die Blüten und die Früchte seien riesig. »Alles zusammen genommen scheint der Affenbrotbaum mehr ein Wald zu sein als ein Baum.«

Doch als Ismaïl und ich uns auf den Weg machen, der unheimlichen Silhouette entgegen, ist diese Größe kaum zu erahnen. Wir laufen und laufen. Mit dem Baumriesen am Horizont scheint es sich wie mit den Bergen zu verhalten, die auf den ersten Blick so nahe scheinen, aber einfach nicht näherkommen wollen. Obwohl die Sonne noch auf unseren Köpfen brennt, ist der Mond schon aufgegangen. Wie eine Wiege liegt die Sichel am Himmel. Das trockene Gras knistert unter den Sohlen meiner schweren Wanderschuhe. Der Staub weht bei jedem Tritt in einer glitzernden Schwade nach oben. Es hat seit Monaten nicht geregnet. Kein Lebenszeichen von irgendetwas, irgendwo. Manchmal ein Huschen, das ich aus dem Augenwinkel wahrzunehmen glaube. Doch drehe ich mich um, ist da nichts.

Die Region nordöstlich der senegalesischen Hafenstadt Saint-Louis ist eine der unwirtlichsten Senegals. Hier regnet es einmal im Jahr. Und das auch nur, wenn die Regenzeit überhaupt kommt. Oft genug fällt sie aus. Ismaïl erzählt mir auf unserem langen Marsch in seinem kehligen Französisch, wie er als Kind fast jeden Tag unter einem Baobab am Rande seines Dorfs gespielt hatte. »Ein junger Baum«, sagt er, »vielleicht einhundert Jahre alt.« Einmal fiel eine der länglichen, behaarten Früchte gleich neben ihm zu Boden und brach auseinander, mit einem Krachen, so laut, als wäre eine Lehmhütte zusammengestürzt. Er rannte schreiend nach Hause. Ismaïl und seine Freunde sammelten später die Kerne der Frucht, von der sie das schön säuerliche Fruchtfleisch ablutschten und das verbleibende, harte Innere mit selbstgebauten Schleudern durch die Gegend flitschten. Zwischen den knorrigen, wie aufgebläht wirkenden Wurzeln versteckten die Kinder sich. Dann wurde Ismaïl älter, und er begann, den Baum zu meiden. Warum, frage ich ihn. Wir gehen eine Weile schweigend nebeneinander her. Dann sagt er »Der Zauberer im Dorf. Er ging zum Baobab, wenn jemand krank war. Oder gestorben.« Ismaïl schweigt wieder und schaut auf den Schatten am Horizont. In seinem Blick streiten Verehrung und Furcht.

Als wir den Baobab endlich erreichen, ist unser Geländewa-

Jedem Dorf sein lebendiger Wasserspeicher: Im Sudan wurde das rare Regenwasser im Inneren der hohlen Baobabs gesammelt, so wie hier in Kordofan anno 1853.

gen nur noch ein Punkt am Horizont. Dagegen ragt der Baum vor mir scheinbar endlos weit in den mit der einbrechenden Dämmerung rot verfärbten Himmel. Jetzt erinnert er nicht mehr an eine riesenhafte Hand, eher an den Riesen selbst. Dabei ist er klein für einen Baobab, ich schätze ihn auf acht Meter, vielleicht neun. Durchgeschwitzt lassen Ismaïl und ich uns in den dunklen Schatten des Baumes fallen. Der Boden ist weich, fast feucht. Von überall her scheinen Geräusche zu kommen. Ich schließe die Augen. Vögel singen ihr letztes Lied, bevor die Nacht beginnt. Ich höre ein Knacken, noch eins, viele, wie in dem alten Holzhaus, in dem ich als Kind jeden Sommer verbrachte. Das Haus schien zu leben, wenn es dunkel wurde. Dieser Baum aber scheint nicht nur zu leben, er lebt. Und mit ihm, in ihm leben Wesen, die ich zu hören oder zu erahnen glaube. Dieser Baum ist nicht nur Lebewesen, er ist auch Lebensraum.

Und er spendet Leben. Angeblich kann ein Baobab gut 150 000 Liter Regenwasser in seinem Stamm speichern, von denen indirekt auch seine Nachbarn profitieren, sobald es trocken geworden ist. Dann wirft der Baobab die Blätter ab und minimiert so seinen eigenen Wasserverbrauch durch Transpiration. Deshalb höre ich nicht das bei anderen Bäumen so vertraute Rauschen von Blättern im heißen Wind, der mit dem Sonnenuntergang über die Savanne weht. Unbewegt stehen die massigen Äste in der Luft. Wegen seiner Speicherkraft wird der Baobab auch *calebassier*, Flaschenbaum, genannt. Und weil seine holzigen Früchte tatsächlich gute Kalebassen abgeben. Manche Baobabs ähneln schon vom Anblick her einer riesigen Flasche, wenn der Stamm sich bauchig nach außen wölbt. Ist er nach der Regenzeit prall gefüllt, nimmt der Umfang des Stamms zu wie der eines vollen Wasserschlauchs. Dauert die Trockenzeit zu lange, zertrümmern in Ostafrika Elefanten den Stamm, um an das Wasser zu kommen. Alles am Baobab ist auf den sparsamen Umgang mit Wasser ausgerichtet. Die Früchte, zunächst noch fleischig, dehydrieren noch am Ast und speisen ihr Wasser in den Baum zurück. Erst dann fallen sie zu Boden, mittlerweile so trocken, dass sie den Knall verursachen, der Ismaïl einst so erschreckt hatte.

Ich stehe auf und gehe um den Stamm herum wie einst Michel Adanson. Für die Pariser *Académie Royale* schrieb er eine 28-seitige *Description d'un arbre d'un nouveau genre, appelé*

Baobab, eine detaillierte Beschreibung der neuen Baumart namens Baobab. Als sie erschien, hatte der große Systematiker des Tier- und Pflanzenreichs, Carl von Linné, die Gattung bereits nach Adanson benannt. Sein früherer Lehrmeister, der Botaniker Bernard de Jussieu, hatte Linné den erst 22-Jährigen Adanson empfohlen. Zu den *Adansonia* zählen nach heutigem Wissensstand acht Arten, nur eine davon wächst auf dem afrikanischen Kontinent. Ich zähle die Schritte, während ich den Stamm einer dieser *Adansonia digitata* umrunde. Es sind 17. Ich schmiege mich an den noch tagwarmen Stamm. Die Rinde ist überraschend glatt, fast weich. Im Licht des Mondes leuchtet sie silbern. Wieder sehe ich aus den Augenwinkeln eine Bewegung, diesmal in der Luft. Ich schaue hoch. Durch die nackten Äste sehe ich den prächtigen Sternenhimmel. Davor flattern kleine, schwarze Schatten: Fledermäuse. Ismaïl winkt mich zu sich. Er zeigt auf eine Einbuchtung im Stamm, eine Art Höhle im Baum, die ich in den von den Ästen geworfenen tiefen Schatten übersehen habe. In ihr liegen drei Kalebassen, bunt bemalt. Als ich eine greifen will, hält Ismaïl meine Hand fest. »Sie gehören dem Zauberer«, sagt er. Bald darauf machen wir uns schweigend auf den langen Rückweg durch die Dunkelheit.

Jedes Mal, wenn ich seither diesem einzigartigen Baum begegnen sollte, habe ich den Eindruck gehabt, die Magie des Baobab mit Händen greifen zu können: seine unirdische Größe und Gestalt, die sich bei aller Massivität ständig zu bewegen scheint; die förmlich aus ihm heraussprudelnde Hoffnung auf Leben in Einöden voller Mangel und Tristesse, und zugleich die Präsenz der Weisheit von Jahrhunderten oder Jahrtausenden, die die Baobabs schon überstanden haben, unbeeindruckt

Aufgegangen wie ein Hefekuchen ist er, der von Jacobus Hendrik Pierneef gemalte ›Sahnetortenbaum‹ (Kremetartboom) – in Südafrika so genannt, weil das Fruchtfleisch als alternatives Backpulver dient.

von der Vergänglichkeit der Menschen. Je mehr ich mich mit dem Baobab beschäftigt habe, umso stärker wurde mein Eindruck, dass für den Baobab eigene Gesetze gelten, als halte er sich nicht an die Regeln der Natur. Nicht nur biologisch, auch kulturell gibt der Baobab Rätsel auf, von denen viele bis heute ungelöst sind. Von ihnen und von den wissenschaftlichen Erkenntnissen, aber auch den Geheimnissen und Legenden des Baobab handelt dieses Buch.

Für Michel Adanson wurde der Baobab zum Schicksal. Vier Jahre lang durchstreifte er die Mangroven der senegalesischen

Küste, beschrieb Tausende tropische Muschelarten und den Zitterwels. Er schrieb über die ebenfalls mächtigen Kapokbäume, die wie Baobabs zu den Wollbaumgewächsen zählen. Doch immer wieder kehrten seine Gedanken zu den Baobabs zurück, die nach seinen Berechnungen schon kurz nach der biblischen Sintflut gekeimt haben mussten. Sein Versuch, Baobabs in den königlichen Gewächshäusern von Paris aufziehen zu lassen, scheiterte. Heftige Unwetter auf See zerstörten fast alle Pflanzen an Bord; die wenigen Setzlinge, die Frankreich erreichten, erfroren im harten Winter von 1753 noch auf dem Weg nach Paris. Die Veröffentlichung seiner *Naturgeschichte des Senegal* schließlich ruinierte Adanson. Selbst der Verkauf seiner einzigartigen Muschel- und Pflanzensammlung konnte ihn nicht über Wasser halten. Wenige Jahre vor der Revolution verließ er Frau und Tochter, um mehr Zeit für seine naturwissenschaftlichen Aufzeichnungen zu haben. Eine letzte Vortragseinladung der französischen Akademie musste er »in Ermangelung von Schuhen« absagen. Am 3. August 1806 starb Adanson bitterarm in Paris. Sein einziges Vermächtnis ist der Name, der die Baobabs in aller Welt bis heute eint: *Adansonia*.

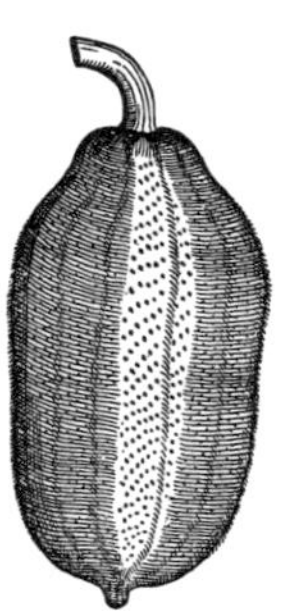

Der aus dem Nichts wächst

Das Rätsel des Baobab beginnt mit seiner Ankunft. Baobabs wachsen oft weit entfernt von ihren Artgenossen auf Felsklippen oder Bergkuppen, in trostlosen Ebenen und sogar auf einsamen Inseln. Wie sind die Samen dorthin gelangt? Nicht wenige Baobabs scheinen aus dem Nichts gekommen zu sein. Wird einer von ihnen bemerkt, dann hat er schon eine mehr oder minder stattliche Größe erreicht. Baobab-Schösslinge habe ich jedenfalls auf keiner meiner Reisen durch Afrika gesehen. »Ich habe den Eindruck, dass Baobabs heutzutage Schwierigkeiten haben, sich zu vermehren«, bestätigte mir York Pareik, als wir an einem schwülheißen Sommerabend auf der in den Busch hineinragenden Terrasse seiner Ankarana-Lodge im Norden von Madagaskar saßen. »Man sieht nur ganz wenige junge Baobabs.« Pareik kennt sich aus mit jungen Baobabs. Er hat sie eine Zeit lang selbst aufgezogen.

Grundsätzlich vermehren sich Baobabs wie andere Laubbäume auch. Pollen gelangen mithilfe von Tieren auf die Narbe des Stempels. Aus dem derart befruchteten Fruchtknoten wächst die Frucht heran, in deren Fruchtfleisch die Kerne mit den Samen liegen. Zählungen bei Baobabs im Sudan haben ergeben, dass eine Frucht knapp 60, eine andere mehr als 300 Kerne enthalten kann. Entscheidend dafür sind Größe und Form der Frucht: Je schwerer und voluminöser die mit einer weichen, an Balsaholz erinnernden Hülse und samtenen Härchen bedeckten Früchte sind, desto mehr Kerne fassen sie. Die Formenvielfalt der Früchte ist groß: Manche sind kugelrund, andere länglich, wieder andere herz- oder eiförmig. An einem Baum sind jedoch stets alle gleich. Die Form hängt wie die Größe nicht nur von der Spezies, sondern auch vom Standort und den dort herrschenden Bedingungen ab. So besteht etwa bei *Adansonia za* die Gemeinsamkeit der Früchte nur darin, dass sie alle in einem verdickten, holzigen Stiel enden. Form und Größe variieren.

Die Früchte reifen während der Trockenzeit heran. In einem Jahr ohne klimatische Unregelmäßigkeiten kann ein einzelner Baobab bis zu 250 tragen. Fallen diese dann zu Boden, brechen sie oftmals auseinander. Dann machen sich Käfer, Ameisen oder Termiten schnell über das Fruchtfleisch her und legen so die harten Kerne frei, die schließlich mit den Fasern und der verrottenden Fruchthülle in der Erde rund um den Baobab versinken und mit Beginn der Regenzeit keimen. Tatsächlich gibt es Berichte über regelrechte Wiesen von Sämlingen, die rund um einen Baobab wachsen. Doch fast keiner von ihnen überlebt: Manche Tiere fressen die zarten Pflänzchen, andere trampeln die empfindlichen Jungpflanzen nieder; Menschen reißen sie aus und kochen die Blätter. Zudem hängt es ganz vom Klima ab, ob die Kerne überhaupt keimen. Wenn es weniger geregnet hat als üblich, fehlen dem Baobab die nötigen Reserven für Blüten und Früchte. In trockenen Jahren reifen die Samen dann gar nicht erst heran, die Vermehrung fällt aus. Um zu keimen, braucht ein Samen eine weitere Regenzeit. Und doch erklären selbst beste klimatische Bedingungen nicht, warum Baobabs in den entlegensten Winkeln wachsen. Vor der Küste Sansibars sah ich einen von ihnen auf einer vom Meer

Der afrikanische Affenbrotbaum in all seinen Facetten, von Guillaume Silvestre Delahaye auf einem Blatt seiner Florindie *festgehalten, während in Paris die Französische Revolution begann.*

abgeschnittenen Landzunge. Er war umgeben von Mangroven, weit und breit war kein anderer Baobab zu sehen. Wie war er dort hingelangt?

Der frühere Direktor der Royal Botanic Gardens in Kew, Professor Sir Peter Crane, vergleicht Samen mit Zeitkapseln, die Pflanzen in den 600 Millionen Jahren ihrer Evolution zwei entscheidende Eigenschaften geschenkt haben: Mobilität und Resilienz. Dadurch, dass die nächste Generation und damit die Zukunft der Spezies in einem widerstandsfähigen und mit Nährstoffen versehenen Kern enthalten ist, können Pflanzen schlechte Zeiten überstehen und neue Territorien erobern. Und bezüglich der Widerstandsfähigkeit kann kaum ein Samen mit dem des Baobab mithalten. Seine Samen keimen selbst dann noch, wenn sie 95 Prozent ihrer Feuchtigkeit verloren haben, fand ein Team um den madagassischen Botaniker Juvet Razanameharizaka heraus. Für den Bewohner trockener Landschaften ist das überlebenswichtig. Allerdings entdeckten die Wissenschaftler auch Unterschiede: Samen von *Adansonia grandidieri* und *Adansonia suarezensis*, die innerhalb der Gattung einer von drei Sektionen, den *Brevitubae*, zugeordnet werden, waren wasserdurchlässig und keimten entsprechend leicht, sobald die Regenzeit einsetzte. Die Samen des afrikanischen Baobab sowie der restlichen vier madagassischen Spezies, die als *Longitubae* klassifiziert werden, sind dagegen zum überwiegenden Teil wasserabweisend – ihre harte Hülle muss aufgebrochen werden, damit der Samen keimen kann. Das erhöht ihre Widerstandsfähigkeit. Die Keimruhe kann so Monate oder auch Jahre andauern, so lange, bis die Bedingungen zum Keimen günstig sind. Für manche endet sie vermutlich niemals.

Eine weitere Hürde für die Vermehrung der Baobabs – und eine, die der Baobab oft nur gemeinsam mit anderen nehmen kann.

Die Koralleninseln des Quirimbas-Archipels reihen sich wie eine Perlenkette vor der Küste des Cabo Delgado im Norden Mosambiks. Mit ihren strahlend weißen Stränden, an deren Gestade sanft der türkisblaue Indische Ozean schlägt, scheinen sie einem Traum entsprungen zu sein. Die prächtigen Baobabs, die auf den Inseln Quilálea und Sencar wachsen, runden das Bild des tropischen Paradieses ab. Kein schlechter Ort, um Wissenschaft zu betreiben und Erkenntnisse über die Fortpflanzung des Baobab zu gewinnen. Und tatsächlich berichtet der Botaniker Gerald E. Wickens, der wie Crane mit den Royal Botanic Gardens in Kew verbunden ist, von einer erstaunlichen Beobachtung: Während die Baobabs auf Sencar sich fortpflanzten, war dies auf Quilálea nicht der Fall. Woran konnte das liegen? Womöglich daran, dass Sencar eine beachtliche Population von Meerkatzen beherbergt, Quilálea aber nicht? Der Baobab indes trägt seinen Zweitnamen ›Affenbrotbaum‹ auch auf Sencar zu Recht: Die Meerkatzen stürzen sich dort auf die reifen Früchte, brechen sie auf, verzehren das süße Fruchtfleisch und die Kerne gleich mit. Später scheiden die Affen sie mit dem verdauten Fruchtfleisch an einem anderen Ort unversehrt wieder aus. Wobei unversehrt nicht unverändert bedeutet. Die einstmals harten Kerne sind, nachdem sie den Verdauungstrakt der Meerkatze durchlaufen haben, bereit zum Keimen. Den Dünger bekommen sie gleich mitgeliefert. Auch im Dung von Elefanten, Pavianen und Schimpansen haben Biologen Baobabsamen gefunden. Im Fall des Pavians wurde eindeutig nachgewiesen, dass die Samen den Darm mit einer deutlich weicheren Schutzhülle verlassen, durch die Wasser leichter eindringen kann, was die Keimung begünstigt. Vermutlich verhält sich das bei Elefant und Co ganz ähnlich.

Für die Baobabs von Quilálea ist dennoch nicht alle Hoffnung verloren. Denn die Früchte und ihre Kerne verbreiten sich sogar über das Meer. Für eine andere Form des Transports sorgt der Mensch, indem er die Früchte isst und Kerne wie auch den ungenießbaren Rest der Frucht entlang seines Weges verteilt, oder indem er sie auf Schiffen in ferne Länder mitnimmt. Einzelne, importierte Baobabs in der Karibik, in Indien und anderen Teilen der Welt zeugen davon. Die Samen zum Keimen zu bringen bleibt dabei eine große Herausforderung, wie York Pareik im Norden Madagaskars feststellen musste. Der Berliner zog aus seiner Beobachtung, dass es nur wenige junge Baobabs gab, die Konsequenz und legte am Rand von Antsiranana eine Affenbrotbaumschule an. In seinem ›Garten der 1000 Baobabs‹ wollte er die Saat nicht zuletzt vor Käfern schützen, die sich rund um den sogenannten *Montagne des Français* über Baobabs und ihre Früchte hermachen – und vor Kühen, die die jungen Pflänzchen zertrampelten. Es war das Jahr 2000, Pareik führte eine Lodge am Hang des Hausbergs über Antsiranana. Um sie herum säte er in seiner Baumschule Tausende Samen aus. Das dafür nötige Saatgut hatte er auf dem Markt von Antsiranana bekommen, ein Reissack voller Baobabfrüchte kostete umgerechnet 20 Euro. Andere Früchte sammelte er selbst. In beiden Fällen stammten sie von jenen Baobabs, die vor Ort wuchsen: *Adansonia suarezensis* und *Adansonia madagascariensis*, wobei die Samen Letzterer zu denen gehören, die sich gegen die

Hat sich der von Buffon in flagranti erwischte Weißnasenmeerkatze etwa eine Baobabfrucht geschnappt? Dann trägt sie via Verdauung dazu bei, dass bald neue Babybaobabs wachsen.

Keimung besonders hartnäckig zu wehren wissen. York Pareik löste dieses Problem so, indem er die unter Mithilfe seiner Kinder mühsam aus den gekauften Früchten freigelegten Samen in einer Mischung aus Wasser und Kuhdung einlegte, die er auf 30 bis 40 Grad erhitzte: »So wollte ich den Verdauungstrakt der Elefanten nachahmen, die in Afrika die Baobabs fressen – bei uns kenne ich keine Tierart, die das täte.« Pareik ist kein Biologe. »Aber ich dachte: Man muss halt den Platz haben und es dann einfach machen.« Und er behielt Recht. Viele der behandelten Samen, die er in der kalkigen Muttererde des Massivs eingrub, keimten tatsächlich. Doch während manche kräftig wuchsen, gingen andere nach einiger Zeit wieder ein. Die, die überlebten, wuchsen in einer Regenzeit um gut 20 Zentimeter. Drei Jahre lang bemühte sich Pareik, die ganz kleinen Riesen zum Wachsen zu bewegen. Dann gab er auf. »Von den 6000 Baobabs, die wir gepflanzt hatten, waren da vielleicht noch 1000 übrig.« Diesen Rest verteilte Pareik über das gesamte Terrain. Wenn er heute in der Gegend ist, schaut er ab und zu nach ihnen. »Manche von denen, die noch da sind, sind heute knapp 2, 30 Meter hoch, andere nur 30 Zentimeter.« Viele sind ganz verschwunden. Für die Aufzucht eines Baobab, so bilanziert York Pareik heute, brauche man vor allem eines: Geduld.

Die hatte auch Tony Rinaudo. Seit Jahrzehnten engagiert der gebürtige Australier sich in Afrika dafür, wüstenähnliche Landschaften in Ackerland zu verwandeln. 2018 erhielt der im Norden Nigers als ›Waldmacher‹ bekannte Rinaudo dafür den Alternativen Nobelpreis. Doch seine Liebe, gestand er mir einmal, gehöre dem Baobab. »Und ich habe irgendwann festgestellt, dass es gerade in den sandigen Ebenen kaum Baobabs gab – und natürlich wollte ich herausfinden, ob wir das ändern können.« Auch er kannte die Geschichte vom Elefanten, durch dessen Darm der Samen wandern muss, bevor er sprießen kann. »Aber wir hatten keine Elefanten, also haben wir stattdessen Rinder genommen.« Die stellten sich allerdings als zu wählerisch heraus: Das nahrhafte Fruchtfleisch rund um den Kern leckten sie genüsslich ab, um den Kern selbst danach auszuspucken. Unter all den Methoden, die er daraufhin ausprobierte, bewährte sich die folgende: Rinaudo füllte eine flache Mulde mit Hunderten Samen, deckte sie mit Stoff ab und goss sie täglich. »Das hat Termiten angelockt, die sich an der harten Schale der Kerne abgearbeitet haben.« Jeden Morgen, wenn Rinaudo die Decke über der Mulde anhob, nahm er ein gutes Dutzend gut bearbeitete Kerne heraus, die er in Blumentöpfe pflanzte und großzog. »Als sie größer waren, haben wir sie an Familien verteilt, die sie vor ihren Häusern eingepflanzt haben.« Mehr als einen habe aber niemand pflanzen wollen, »denn es gibt einen Mythos: Wenn Du mehr als einen Baobab besitzt, dann stirbst Du.«

Einen Baobab großzuziehen ist einfacher, wenn man statt des Samens einen Setzling pflanzt. So verfuhr ich an einem sonnigen Tag im August 2017. Den Setzling, nicht einmal 10 cm lang, hatte ich bei einem Buchversand bestellt. Beworben wurde er als der ›Affenbrotbaum des kleinen Prinzen‹, ähnelte aber optisch eher einem unförmigen Staffelstab von der Konsistenz einer überdimensionierten Ingwerknolle. Ich musste lange überlegen, welches Ende ich in den Blumentopf stecken sollte. Ganz sicher war ich erst, als aus dem Stamm nach zwei Monaten auf der sonnigen Fensterbank die ersten beiden winzigen Blättchen sprossen. Ich freute mich so sehr, als hätte ich sie selbst hervorgebracht. Der kleine Prinz indes wäre sicher nicht glücklich über meine Entscheidung gewesen, einen Baobab aufzuziehen. Sein Schöpfer Antoine de Saint-Exupéry warnte, einen Affenbrotbaum könne man, wenn man sich seiner zu spät annehme, nie mehr loswerden.

> *Er bemächtigt sich des ganzen Planeten. Er durchdringt ihn mit seinen Wurzeln. Und wenn der Planet zu klein ist und die Affenbrotbäume zu zahlreich werden, sprengen sie ihn.*

Der Planet des kleinen Prinzen, der Asteroid B 612, ist, wir erinnern uns, ziemlich klein, kaum größer als ein Haus. Und so machte sich der kleine Prinz jeden Tag nach der Morgentoilette auf den Weg, um die Sprösslinge der Affenbrotbäume auszureißen. Das dulde keinen Aufschub, denn wenn man auch nur wenige Sprösslinge übersehe, führe das zur Katastrophe. »Ich habe einen Planeten gekannt, den ein Faulpelz bewohnte. Er hatte drei Sträucher übersehen …« Was dann geschah, hat Saint-Exupéry in einer Zeichnung festgehalten, deren Gehalt er so zusammenfasst: »Ich sage: Kinder, Achtung! Die Affenbrotbäume!« Drei riesige Baobabs haben auf dem Bild mit ihren Wurzeln einen Planeten im Würgegriff, der Faulpelz steht mit seiner Schaufel ratlos davor. Über allem glitzern die Sterne. Ich habe als Kind oft von der »unerkannten Gefahr« gelesen, vor der der kleine Prinz und sein Chronist Antoine de Saint-Exupéry warnen. Und mir dennoch nichts sehnlicher gewünscht als einen Affenbrotbaum.

Drei Jahre, nachdem ich den Baobab eingepflanzt habe, ist er mir nicht über den Kopf, aber doch so sehr gewachsen, dass

Alarm aus dem All: »Kinder, Achtung! Die Affenbrotbäume!«

ich beschließe, ihn umzutopfen. Der knorrige Stamm ist inzwischen 18 Zentimeter lang. Lässt man die Größe außer Acht, sieht dieser Stamm dem eines ausgewachsenen Exemplars von *Adansonia digitata*, dem afrikanischen Affenbrotbaum, schon sehr ähnlich. Die Rinde ist weich, selbst an den Stellen, wo er sich leicht nach außen wölbt. An seiner dicksten Stelle beträgt der Umfang 13,5 Zentimeter. Gieße ich den Baobab vorsichtig, dann hat er einen Tag später ein bis zwei Zentimeter an Umfang zugelegt, die er nach und nach wieder verliert. Vom Sofa aus lässt sich das An- und Abschwellen wunderbar beobachten. Der Stamm endet in einer knotigen Verdickung, aus der zwei Hauptäste gen Zimmerdecke wachsen. Der eine ist aus jenen ersten Blättchen entstanden und inzwischen zwar nur 2,3 Zentimeter dick, aber ganze 101 Zentimeter lang. Zusammen mit dem Stamm macht das eine Größe von fast 1,20 Meter! Die zwölf Blätter, die erst über einem Meter Gesamthöhe sprießen, ziehen den dünnen Ast so sehr zu Boden, dass ich mich entschließe, ihn lose an einem Bambusstab festzubinden. Der zweite Ast, der nach etwa einem Jahr zu wachsen begann, ist mit 65 Zentimetern Höhe deutlich kürzer. Auch an seinem oberen Ende sprießen zwölf Blätter, sie sind kleiner als die anderen. Das ist gut, denn dieser Ast hat einen Umfang von nur 1,8 Zentimetern. Die Blätter selbst sind unterschiedlich groß. Das längste, 13 Zentimeter lang, finde ich ganz oben am ersten Ast. Aus dem Stamm bahnt sich zudem ein drittes Ästchen den Weg nach oben. Fünf Zentimeter sind schon geschafft, ein einziges vierfingriges Blatt sprießt hervor. Anfangs hatte ich noch Angst um den Baobab, als die Blätter sich im Lauf nur weniger Tage braun färbten und austrockneten. Die meisten fielen ab, wenn auch nie alle, und der Baobab stand fast nackt und traurig auf der Fensterbank, als wäre es bald mit ihm vorbei. Doch dann, nach weiterem vorsichtigen Gießen und ein wenig Sonnenschein, wuchsen wieder Blätter nach, sogar mehr als zuvor. So erneuerte sich der Baobab stets und wuchs ein Stückchen mehr. In diesem Sommer hat er den bislang größten Schuss getan.

Nach der Keimung verdickt sich der Stamm eines Baobab-Sämlings schon innerhalb von wenigen Tagen. Nach drei Monaten ähnelt er mit seiner Verdickung im Wurzelbereich einer Karotte, und in nur einem weiteren Monat legt sein Umfang noch einmal deutlich zu. In diesem Zustand muss sich mein Setzling befunden haben, als ich ihn kaufte. Schon in dieser Phase hilft die Verdickung dem Baby-Baobab, die Trockenzeit zu überstehen. Im Gewebe des Stamms wird Wasser eingelagert, von dem der Baobab bei Bedarf zehrt. Messungen haben ergeben, dass der Wassergehalt eines ausgewachsenen Baobab bei bis zu 75 Prozent liegt. Trotz dieser Eigenschaft überleben die wenigsten Jungpflanzen ihre erste Trockenzeit. Wenn sie zuvor nicht genug Wasser eingelagert haben, vertrocknen sie. Andere bekommen zu wenig Licht, etwa weil sie unter einem großen Baobab wachsen. Dazu kommen die bereits beschriebenen Gefahren durch Tiere und Menschen. Wer trotzdem überlebt, bildet weitere Blätter aus. Wie von mir vom Sofa aus beobachtet, kommen diese zunächst paarweise, den Keimblättern ähnlich; die charakteristische mehrfingrige Form folgt erst später. Diese Verwandlung wiederholt sich tatsächlich nach jeder Trockenzeit: Zunächst wachsen einzelne Blättchen, oft als Paare, so als wolle der Baum die Umstände prüfen, bevor er Kraft in die voll entwickelten Blätter steckt. Henri Perrier de la Bâthie, der bis in die 1950er-Jahre hinein junge Baobabs auf Madagaskar untersuchte, beobachtete in der Natur den gleichen Zyklus. Auch die Größenentwicklung war vergleichbar mit der meines Zöglings: Nach zwei Jahren waren die Baobabs, die noch standen, anderthalb bis zwei Meter hoch. In dieser Periode trügen die jungen Bäumchen selbst in der Trockenzeit noch einige Blätter und das Wachstum stoppe nie, berichtete Perrier de la Bâthie. Beides hängt zusammen, denn zum Wachstum braucht der junge Baobab ordentlich Nahrung. Die dafür nötige Umwandlung von Kohlenstoffdioxid und Wasser in energiereiche Kohlenhydrate findet fast ausschließlich über die Blätter statt, auch wenn im oberen Bereich des Stamms eine dünne Schicht aus Chloroplasten nachgewiesen wurde, die dort Fotosynthese betreiben. Blätter stellen für alle Bäume in trockenen Gegenden eine Herausforderung dar: Es werden so viele wie möglich gebraucht, um den Baum mit Energie zu versorgen, zugleich aber braucht es so wenig Blätter wie nötig, um die Verdunstung von Wasser gering zu halten. Ein Paradox, das der Baobab besser meistert als die meisten anderen Bäume.

Beim Austopfen merke ich, dass mein Affenbrotbäumchen nicht nur über der Erde gewachsen ist. Ein kongolesisches Sprichwort sagt: »Die Kraft des Baobab liegt in seinen Wurzeln.« Und als ich den Ballen betrachte und ihn ganz vorsichtig von fester Erde befreie, scheint mir das nicht nur im übertragenen Sinn eine akkurate Beschreibung zu sein. Ein kräftiges, langes und weit verzweigtes Wurzelwerk durchwirkt die Erde. Michel Adanson hatte aus dem Senegal berichtet, wie sein Führer ihn erst zu einem ausgewachsenen Baobab und dann –

Südlich der malischen Hauptstadt Bamako traf Elisèe Reclus 1899 auf diesen prächtigen Baobab.

eine oberirdisch sichtbare Wurzel entlang – zu einem Flussbett in mehr als 35 Meter Entfernung führte. Er vermutete, dass noch etliche andere unter der Erde aus dem Wasserreservoir des Flusses schöpften. Aus Südafrika stammt ein Foto, das einen Baobab in der Provinz Limpopo zeigt, dessen Wurzeln auf ihrem Weg einen Findling zur Seite geschoben haben. Das geschätzte Gewicht des Steins beträgt 30 Tonnen. Und in Botswana sprengen die Wurzeln der Baobabs sogar noch weitaus gewaltigere Brocken, wenn sie im Weg liegen. Sie breiten sich so weit aus, dass manche Botaniker vermuten, ihr Wettbewerb um Grundwasser sei der limitierende Faktor für die Entstehung von Baobabwäldern. Messungen an einem einzigen, 32 Meter hohen Baobab ergaben, dass sein Wurzelwerk in einem Radius von knapp 44 Metern wuchs und nur 180 Zentimeter in die Tiefe reichte – ein von Wurzeln durchzogener Raum von mehr als einem halben Hektar. Auch Radien von mehr als hundert Metern sind keine Ausnahme. Davon allerdings ist mein Baobab noch weit entfernt. Stattdessen finde ich am unteren Ende des Ballens, dort, wo der Blumentopf die Ausbreitung der Wurzeln verhindert hat, einen großen, prallen Körper, der sich ganz ähnlich anfühlt wie der Stamm. Dabei handelt es sich um die kräftig ausgebildete Pfahlwurzel, die bei jungen Baobabs unter der Erde die noch geringe Speicherkraft des Stämmchens ergänzt. Erst wenn der Stamm ausreichend groß ist, um die Speicherkraft des Baobab zu unterstützen, bildet sich die Pfahlwurzel zurück. Allerdings hängt das von der Beschaffenheit des Bodens und seinem Feuchtigkeitsgehalt ab. Aus Tansania berichteten Bauern, dass die Pfahlwurzeln mancher Baobabs bis zu zwanzig Meter in die Tiefe ragen. So wie über der Erde, scheint sich der Baobab auch unterirdisch erfolgreich den gegebenen Bedingungen anpassen zu können.

Nachdem ich meinen Baobab in einen doppelt so großen Topf verpflanzt, sandige Erde nachgefüllt und sie mit Wasser aufgeschwemmt habe, frage ich mich, wann dieser Topf, meine Fensterbank oder gar mein Wohnzimmer für ihn wohl zu klein sein werden. Womöglich steckt ja in Antoine de Saint-Exupérys Warnung vor der unerkannten Gefahr einer Baobab-Aufzucht doch ein Korn Wahrheit. Schließlich flog er in den frühen 1930er-Jahren als Streckenpilot quer durch Westafrika, wo er einige Baobabs gesehen haben dürfte. In manchen afrikanischen Ländern gilt für Neubauten ein Mindestabstand zu Baobabs, der größer ist als der zu anderen Bäumen. Doch meine vermeintliche Furcht vor einem baldigen Zwangsumzug nimmt ab, nachdem ich einige Studien über das Wachstum von Baobabs gelesen habe. Gut 15 Jahre lang befinden sich die Affenbrotbäumchen noch in der ersten Wachstumsphase, der des Schösslings. Es ist die Phase, in der sie schnell nach oben schießen, aber noch nicht in die Breite gehen. Das geschieht erst in der zweiten Phase, die entsprechend »Rumpfphase« heißt. Über einen Zeitraum von 60 bis 70 Jahren nimmt der Stamm an Dicke zu. Wirklich massig – so wie ich ihn aus Afrika kenne – wird er aber erst danach, wenn die 200 bis 300 Jahre währende »Flaschenphase« beginnt. Und erst viel später, in der auf 500 bis 800 oder mehr Jahre veranschlagten »Altersphase«, breitet sich der Baobab in alle Richtungen so weit aus, dass man Angst um die Zukunft eines nahestehenden Hauses haben müsste. Für die nächsten knapp vier Jahrhunderte lässt sich ein Umzug meines Baobab wegen also ausschließen. Das wird den Vermieter, der im Vertrag nur den Verzicht auf Haustiere, nicht aber Pflanzen fordert, vermutlich freuen.

Ein Lied von Staub und Sonne

An einem prasselnden Lagerfeuer in der Serengeti, unter dem Zelt Millionen funkelnder Sterne erfuhr ich, wie der Baobab auf die Welt gekommen war. Gott schuf ihn als eines der ersten Lebewesen überhaupt, doch der Baobab war von Anfang an unzufrieden. Im feuchten Kongobecken war es ihm zu nass. Also verpflanzte Gott ihn auf eine Bergspitze. Von dort sah er in der Ferne die verlockende Savanne leuchten und forderte, dort zu leben. Gott erfüllte den Wunsch. Nun aber wollte der Baobab einen kräftigen Stamm, um sich von den Schirmakazien und den anderen Gewächsen abzuheben. Gott tat wie gebeten. Auch die zarte Rinde und die samtenen Früchte, die der Baobab nacheinander forderte, bekam er. Doch auch ein Gott hat nur begrenzte Geduld. Als der Baobab schließlich goldene Blüten verlangte, hatte Gott genug. Mühelos riss er den Baum aus der Erde und pflanzte ihn kopfüber wieder ein, damit er nie wieder etwas würde fordern können. Seither ist es still geworden um den Baobab, und aus dem Wurzelwerk von einst wurde notgedrungen eine Krone. So erzählte es an jenem Abend Leboo, ein Massai, der (so besagt es sein Name) in der Savanne geboren wurde. Und wer wäre ich, ihm nicht zu glauben.

Leboos Sage ist nur eine von vielen, die ich auf den Spuren des Baobab hören durfte. Jeder Baobab, so schien es, hatte seine eigene Geschichte, wahre oder solche, die vielleicht einmal wahr waren. Alleine von Leboos Erzählung aus jener Nacht in der Savanne gibt es ungezählte Varianten. In den meisten ist der Affenbrotbaum ein undankbarer Zeitgenosse, der Gottes Großzügigkeit irgendwann überstrapaziert. In Simbabwe erzählt man sich, dass der Baobab selbstverliebt und gehässig auf Gottes Kreaturen blickte und lästerte: Der Storch sei unförmig, die Hyäne hässlich, das Zebra lächerlich. Er, der vermeintlich Schönste, überschüttete alle mit seinem Hohn und Spott. Irgendwann ertrug Gott das ewige Lästermaul nicht mehr und steckte es kopfüber in den Boden. Seitdem frisst es Staub, und das Lästern hat ein Ende. In Namibia glaubt man zu wissen, dass der Baobab selbst aus Trotz seinen Kopf im Boden versenkte, nachdem die Götter ihm den Wunsch ausschlugen, der schönste Baum von allen zu sein. Oder ist doch der Teufel schuld? Einige Völker nennen den Baobab auch *Devil Tree*, Teufelsbaum, weil es vielmehr der Teufel gewesen sein soll, der den Baobab kopfüber in den Boden steckte, um Gottes größtes Werk vor der Welt zu verstecken. Egal, wie die Sage genau lautet, das Ende ist immer dasselbe. Kein Wunder, dass britische Kolonialisten den Baobab *Upside-Down-Tree* tauften, Kopfüber-Baum.

In anderen Legenden trägt nicht der Baobab, sondern die als mindestens ebenso hässlich empfundene Hyäne Schuld am Schicksal des Baums. In Tansania erzählt man sich die folgende Geschichte: Als die Hyäne ihr Spiegelbild in einem See erblickte, wurde sie so wütend über ihre Hässlichkeit, dass sie den nahe wachsenden Baobab aus dem Boden riss und den Göttern entgegenschleuderte. Der Baobab aber fiel auf die Erde zurück und blieb kopfüber im Boden stecken. Die Kung, die seit Jahrtausenden die Kalahari-Wüste bevölkern, glauben, dass der Halbgott Gaua dem ersten Menschen, Oeng-Oeng, Bäume

Heiliger Hain, African Style: Eine große Tamarinde und mehrere Baobabs bilden die Kulisse für den Hindugott Aiyanar und seine zwei Frauen.

schenkte. Auch jedem Tier übergab er einen Baum, das heißt: allen außer der Hyäne, die bei den Kung als Ebenbild des Bösen gilt. Die Hyäne beschwerte sich bitterlich, und schließlich gab der Halbgott nach. Um endlich seine Ruhe zu haben, schenkte er der Hyäne seinen letzten Baum, den Baobab. Aus purer Bosheit pflanzte die Hyäne ihn mit dem Kopf nach unten ein. Die San, ebenfalls Bewohner der Kalahari, erzählen eine Variante dieser Geschichte: Die Hyäne kam zu spät, als die Bäume verteilt wurden, und bekam von Gott den überreicht, den niemand gewollt hatte. Aus Wut pflanzte die Hyäne den Baobab – Sie ahnen es – kopfüber ein.

In einer der Sagen, die sich um den Baobab ranken, rankt sich der Baobab um andere Bäume. Der Brite J. E. Hughes, der Anfang des 20. Jahrhunderts als Jäger und Händler im heutigen Sambia lebte, beschreibt in seinen Memoiren *Achtzehn Jahre am Bangweulusee* die folgende Begegnung am Mwanga-Fluss:

> *Mitten im sandigen Flussbett tritt eine heiße Quelle an die Oberfläche, und darüber, neben einem Pfad, der in die Berge führt, wächst ein großer Baobab. Die Einheimischen nennen ihn Mlambi, und obwohl die heiße Quelle den Namen Kapisya trägt, heißt der Ort doch Pamlambi, was »beim Baobab« bedeutet. Als wir 1902 dort waren, zeigte Nyamungomba, mein Führer, auf eine Schlingpflanze und sagte: Mlambi ulya – ein Baobab. Die Pflanze, auf die er zeigte, war eine unheimlich wirkende Kriechpflanze, die einer Schlange ähnelte und sicher viereinhalb, fünf Meter lang war. Sie kroch auf einen großen Baum zu. Die Pflanze war rund, hatte weder Zweig noch Blatt und war von der gleichen, weichen Rinde umgeben, die auch den Baobab bedeckt. Mir wäre sie nicht aufgefallen, aber Nyamungomba erzählte mir, dass diese Schlingpflanze sich langsam um den großen Baum wickeln und ihn schließlich in einen Baobab verwandeln wird.*

Dass der Baobab ein Eigenleben hat, glauben auch andere Völker. In Burkina Faso etwa hält sich der Glaube, dass die Baobabs nachts umherwandeln, obwohl Gott sie ausgerechnet darum mit dem Kopf nach unten einpflanzte, um das zu verhindern. In der Kalahari schließlich gibt es Völker, die in manchen Nächten den lauten Aufprall ausgewachsener Baobabs zu hören glauben, die ihr Gott Thora mit dem Bogen aus dem Paradies in Richtung Erde schießt. Dass sie dabei mit dem Kopf voran in der Erde landen, ist ein göttlicher Betriebsunfall. Dass Baobabs schon ausgewachsen auf der Erde ankommen, erscheint ihnen dabei folgerichtig. Die jungen Schösslinge schließlich sind, wie bereits erläutert, kaum irgendwo zu sehen oder werden zumindest nicht als Baobabs wahrgenommen.

Baobabs haben Afrikaner in allen Teilen des Kontinents seit Jahrhunderten bewegt, und auf einem Kontinent, der so oft wie fälschlich als geschichtslos gescholten wird, ist der Baobab ein stummer Chronist. Vom Strand der Corniche Ouest in Senegals Hauptstadt Dakar etwa blickt man seewärts auf die Inselgruppe der Îles de la Madeleine. Mit einem Boot fährt man zur Hauptinsel Sarpan nicht länger als eine halbe Stunde. Auf ihr wächst ein weißer Baobab. Wegen der starken Winde, die über das flache Plateau fegen, ist er noch weniger als seine Artgenossen in die Höhe, sondern viel mehr in die Breite gewachsen. In ihm, so heißt es, leben Geister, die ungestört bleiben möchten, deshalb sei die Insel unbewohnt. Einmal soll ein Franzose das Tabu missachtet und sich eine Hütte auf der Insel gebaut haben. Schon in der ersten Nacht, so ist es überliefert, brach die Behausung in sich zusammen. Wenn man die Insel heute besucht, kann man die Trümmer sehen. Sie sind eine stumme Warnung an alle, die nicht an Geister glauben wollen. Außer dieser Warnung darf man nichts von der Insel mitnehmen, nicht einmal ein Steinchen, eine Muschel, gar eine Frucht vom weißen Baobab. Denn die Geister holen sich der Sage nach alles zurück. Weiß ist der Baobab vermutlich, weil so viele Kormorane auf ihm nisten. Der Kot von Generationen hat die Rinde ausgebleicht und lässt sie unirdisch erscheinen. Fischer am

Hell wie der Geisterbaum von den Îles de la Madeleine strahlt der weiße Baobab in diesem Bild von Félix Archimède Pouchet, erschienen 1880.

Atlantikstrand erzählen, dass der Baum im Dunkeln leuchtet, was am im Vogeldreck enthaltenen Phosphor liegen mag. Oder an den Geistern. Nicht wenige Fischer legen nach einer Vollmondnacht auf See am einzigen Strand der Insel an und vor dem Baum Opfergaben nieder, die die Geister milde stimmen sollen.

Der weiße Baobab ist nicht der einzige Affenbrotbaum auf den Îles de la Madeleine. Eine ganze Kolonie von Zwergbaobabs wächst heute auf Sarpan. Vor einigen hundert Jahren soll in ihrer Mitte ein besonderes Exemplar gestanden haben. So schreibt es Gomes Eannes de Azurara, der offizielle Geschichtsschreiber von Portugals König Alfons V. (genannt »der Afrikaner«), in seiner *Cronica de Guiné*. Ihr zufolge sei 1445 in seine Rinde das Wappen Heinrich des Seefahrers zusammen mit der Jahreszahl eingeritzt worden. Den Baum und Dutzende Artgenossen beschreibt Azurara so: »Stämme mit einem Durchmesser von umgerechnet 2,6 Metern, breiter als hoch, Früchte in Form einer Kalebasse.« Zweifellos sind es Baobabs. Und tatsächlich gibt es Zeugen für Azuraras Bericht. Gut ein Jahrhundert später, im Jahr 1555, landete der französische Franziskanermönch und Naturforscher André Thevet auf Sarpan. Er ist auf dem Weg nach Brasilien. Doch auf seinem Zwischenstopp findet Thevet offenbar den bereits markierten Baobab und hinterlässt dort auch seinen Namen. Den Baobab beschreibt Thevet später als »Kapverdischen Baum mit Feigenblättern«, eine Beschreibung, die zum einen auf die Inselgruppe der Kapverden verweist, die er auf seiner Reise nach Brasilien noch passieren wird, zum anderen auf die Bäume seiner Heimat im Südwesten Frankreichs. Dank der Beschreibung von »Früchten von der Größe zyprischer Gurken« ist dennoch recht eindeutig, von welchem Baum er spricht. Danach dauert es mehr als zweihundert Jahre, bis der doppelt signierte Baobab zum dritten Mal Besuch erhält. Diesmal ist es Michel Adanson, der auf dem nicht einmal 150 Quadratmeter großen Inselchen gezielt nach dem derart dokumentierten Baobab sucht und ihn findet. Der bescheidene Adanson verzichtet darauf, seinen Namen dazuzusetzen. Er habe die beiden anderen Insignien aber mit seinem Messer noch einmal nachgezogen, schreibt er in seinen Memoiren. Heute ist der fragliche Baobab nirgendwo auf den Îles de la Madeleine auffindbar. Womöglich ist er gestorben, und mit ihm die Zeugnisse dieser frühen Begegnungen von Europäern und Baobabs.

Für die Europäer war der Baobab lange Zeit kaum mehr als ein Mythos. In der Renaissance waren zwar seine Früchte vielen europäischen Gelehrten bekannt, weil Händler sie von den Märkten Ägyptens und Marokkos nach Norden gebracht hatten. Doch über ihren Ursprung wusste man praktisch nichts. Weil die Früchte je nach Herkunft unterschiedliche Namen trugen, konnte man sich nicht einmal darauf einigen, ob sie zu einer oder zu verschiedenen Baumarten gehörten. Erst Adansons detaillierte Beschreibung und Linnés Klassifikation im 18. Jahrhundert löste diese Fragen auf. Anders als bei vielen anderen Pflanzen ließ sich in den klassischen Überlieferungen kaum etwas über den Baobab finden. In den 37 Büchern seiner *Naturgeschichte* erwähnt Plinius den markanten Baum nicht ein einziges Mal. Herodot berichtet in seinen Historien, dass eine Flotte phönizischer Schiffe im 6. Jahrhundert vor unserer Zeitrechnung im Auftrag von Pharao Necho II Afrika einmal umsegelte.

Afrikas Bäume, wie Olfert Dapper sie 1676 von Amsterdam aus sah: Unter den fünf ägyptischen Bäumen ist (ganz rechts) auch seine niederländische Version eines Baobab abgebildet.

Die Mannschaft musste oft anlanden, um Wasser aufzunehmen und – so berichtet Herodot – Korn zu pflanzen, das erst nach dem Winter geerntet werden konnte. Kaum vorstellbar, dass den Besatzungen ein so einzigartiger Baum wie der Baobab entgangen wäre. Doch Herodot, der mehr als hundert Jahre später geboren wurde, verfügte offenbar über keine detaillierten Quellen, nicht einmal über die Route der Reise. Auf seiner Karte endet Afrika am Golf von Aden, von wo eine sichelförmige Küste bis zum Atlas zurückführt. Von einem Baobab ist nirgends im Text eine Rede. Und so stochern Archäologen und Biohistoriker in der Vergangenheit nach Hinweisen auf den so auffälligen Baum. Die alten Ägypterreiche trieben schließlich schon 2300 Jahre vor unserer Zeitrechnung Handel mit den Nubiern im heutigen Sudan. Dort gibt es, anders als in Ägypten, viele Baobabs. Doch Belege dafür, dass die Ägypter sie kannten, gibt es nicht. Unter den Ausgrabungsstücken, die der italienische Diplomat Bernardino Drovetti im 19. Jahrhundert nach Turin verschiffte, befinden sich dem Register des Museo Egizio zufolge zwar Überreste von pflanzlichen Grabbeigaben, darunter auch Samen, doch von den Baobabfrüchten, die der Botaniker Edmund Bonnet 1895 in der Sammlung identifiziert haben will, fehlt heute jede Spur. Im *Nuovo Giornale Botanico Italiano* beschrieb Bonnet damals drei Früchte unterschiedlicher Größe, außerdem eine größere Zahl an Kernen und ein Pulver von blassbrauner Farbe. Da der Baobab nicht in Ägypten wachse, müssten die Stücke aus Kordofan im heutigen Sudan nach Norden gebracht worden sein, spekulierte Bonnet – womöglich als Medizin. Doch so ausführlich die Beschreibung Bonnets, umso rätselhafter ist, warum die Fundstücke nicht mehr auffindbar sind. Als einziger Beleg dafür, dass die alten Ägypter vom Baobab wussten, gilt deshalb ein einzelner Baobab-Kern, den Archäologen in Berenike am Roten Meer ausgruben, er soll zweieinhalb Jahrtausende alt sein. Wie und warum dieser Kern in die Hafenstadt Berenike kam, die von den Römern erst im 3. Jahrhundert vor unserer Zeitrechnung gegründet wurde, ist indes vollkommen unklar.

Während Afrika für die Europäer lange Terra incognita blieb, wussten andere Kulturen längst von dem Kontinent, seinen Kulturen und auch den Baobabs. Jahrhunderte bevor Azurara, Thevet oder Adanson die Baobabs auf den Îles de la Madeleine erblickten, kartierten arabische Karawanenführer die Wege durch den Sahel und Westafrika, wo die langlebigen Baobabs häufig als Wegmarken dienten. Entlang dieser Handelswege reiste Ibn Battuta im Jahr 1351 in das sagenhafte Reich Mali. Der arabische Gelehrte war zuvor schon von seiner Geburtsstadt Tanger nach Mekka und von dort quer durch Asien und Afrika gereist. Dabei besuchte er unter anderem alle zu seiner Zeit bereits islamisierten Länder. 120 000 Kilometer soll Ibn Battuta auf Schiffen, Kutschen und Kamelen zurückgelegt haben, er war 27 Jahre unterwegs. Seine *Reisen ans Ende der Welt* erweiterten den Horizont im arabischen Kulturraum ähnlich wie die Reisen Marco Polos den in Europa. Mali war zu Ibn Battutas Zeiten nicht nur eines der größten Reiche der Welt (der Reisende schrieb: »das größte«), sondern auch das reichste. Als Malis Herrscher Mansa Musa 1324 auf der Hadsch nach Mekka reiste, begleiteten ihn der Legende nach nicht nur Tausende Sklaven und Soldaten, sondern auch hundert Kamele, jedes einzelne beladen mit Hunderten Pfund Gold. Mansa Musa zeigte sich derart großzügig, dass der Goldpreis in der bekannten Welt wegen der Goldschwemme weiter sank. Für Ibn Battuta war es keine Frage, dass es den strapaziösen, 1500 Kilometer langen Weg über den Atlas und durch die Sahara wert war, um dieses sagenhafte Reich mit eigenen Augen zu sehen. Doch die ersten Wunder, die er südlich der Sahara sah, waren keine goldenen Paläste, sondern Bäume »großen Alters und Umfangs; eine ganze Karawane würde in ihrem Schatten wohl rasten können«. Und das, obwohl sie weder Äste noch Blätter trügen. Einige der vielen Baobabs, die Ibn Battuta entlang der Karawanenrouten sah, waren ihm zufolge innen hohl. Dort sammle

Ob auch in diesem Baobab ein Weber sitzt? Oder eher ein Späher? Fest steht: Sollte Ibn Battuta auf seinen Reisen durch Kouroundingkoto gekommen sein, dann hätte er diesen Riesen jedenfalls kaum übersehen.

sich Regenwasser, das Bewohner aus dem Inneren des Baums wie aus einem Brunnen schöpften. In anderen Stämmen hätten sich Bienen angesiedelt, deren Honig ebenfalls gesammelt werde. Und schließlich wunderte sich der Mann, der auf seinen Reisen bis ins ferne China doch schon so vieles gesehen hatte:

> *Ich war überrascht, als ich in einem dieser Bäume einen Mann vorfand, der sich mit seinem Webstuhl dort niedergelassen hatte und webte.*

Seine Afrikareise führte Ibn Battuta auch in die sagenumwobene Wüstenstadt Timbuktu mit ihren Moscheen aus Lehm. In ähnlichen Gebäuden befanden sich die privaten Bibliotheken der Stadt, wo Pergamente lagerten, die von Schreibern kopiert wurden. Bis heute warten viele der auf 100 000 geschätzten Schriftstücke noch auf ihre Entzifferung. Ob in ihnen auch Berichte über Baobabs und ihre Bedeutung für die Karawanenwege enthalten sind, die älter sind als die Aufzeichnungen Ibn Battutas, weiß niemand. Doch keine bekannte Aufzeichnung von Baobabs ist älter als die, die auf assyrischen Monumenten aus der Stadt Nimrud abgebildet sind. Sie stammen aus vorbiblischer Zeit; Archäologen datieren sie auf das 9. vorchristliche Jahrhundert. Die Steintafeln, die vom britischen Archäologen Austen Henry Layard in den 1840er-Jahren unter fragwürdigen Umständen aus dem heutigen Irak nach London verschifft wurden, sind heute im Britischen Museum zu sehen. Sie zeigen neben Würdenträgern auch zahlreiche stilisierte Pflanzen, die der britische Armeearzt Emanuel Bonovia bereits 1844 zu benennen versuchte. Dabei verfolgte er das Ziel, von den heiligen Pflanzen der Assyrer auf ihre Mythologie rückzuschließen. Er suchte nach Symbolen und fand zahlreiche Pflanzen, die bis heute im Irak zuhause sind: unter ihnen zwei Exemplare eines Baums, dessen wenige Äste wie Hände in den Himmel greifen. Bonovia war überzeugt, es mit Baobabs zu tun zu haben, Bäumen,

> *… die in der Nordwest-Provinz* [des heutigen Irak] *Anjân Rook genannt werden, was ›der unbekannte Baum‹ bedeutet – ein Zeichen dafür, dass der Baum eingeschleppt wurde und nicht heimisch ist.*

Deshalb war er vermutlich eine Rarität – eine Tatsache, die Bonovia darin bestätigt sieht, dass auf den assyrischen Steinta-

Kannten die Assyrer Baobabs? Austen Henry Layard, der in der Nähe des heutigen Mossul assyrische Steintafeln begutachtete, glaubte: Ja.

feln nur zwei Baobabs zu finden sind, während andere Bäume häufiger abgebildet sind. Angesichts der Handelsrouten, die das assyrische Reich vor drei Jahrtausenden mit Afrika verbanden, ging er zudem davon aus, dass die Samen des Baobab aus dem Sudan ins Zweistromland gekommen waren: »Es ist kaum lächerlich zu vermuten, dass der Samen eines so eindrucksvollen Baumes auf diese Weise ins assyrische Reich und bis nach Persien gelangt ist.« Genau wissen konnte Bonovia das freilich nicht. Schriftliche Aufzeichnungen der Assyrer sind rar. Und auch in Afrika wurde Geschichte Jahrtausende lang, teils bis heute, vor allem mündlich weitergegeben.

Vom Rand der Sahara bis ans Kap der guten Hoffnung gibt es deshalb Lieder von Staub und Sonne, die gleichermaßen vom Baobab und von der Vergangenheit erzählen. In Simbabwe etwa erzählte mir 2010 ein Wildhüter namens Panganai die Sage vom *Muuyu WaMutota*, dem Baobab des großen Shona-Königs Mutota. Wir hatten nach einem langen, anstrengenden

Angeblich war ›Stanleys Baum‹ einst ein Gefängnis, in den Sklaven gesperrt wurden – ein paar Generationen später ist der Baobab schlicht ein Spielplatz.

Tagesmarsch endlich Rast gemacht und und unsere Zelte aufgeschlagen. Hinter uns lagen fast unberührte Savannen, vor uns das atemberaubende Panorama der Chilojo-Cliffs aus buntem Sandstein. Nach vierzig Jahren, in denen der Gonarezhou-Nationalpark im äußersten Südosten des Landes abwechselnd als Bürgerkriegsgebiet, Hinterhalt wildernder Rebellen aus dem nahen Mosambik und privates Jagdrevier für den Langzeitherrscher Robert Mugabe gedient hatte, versuchten Panganai und seine Kollegen, die letzten Elefanten im Park zu schützen. Gonarezhou ist ein Wort aus der Sprache der Shona, es bedeutet: Heimat der Elefanten. Doch die gewaltigen Tiere hatten wir kaum zu Gesicht bekommen, so schlimm stand es um sie. Baobabs hingegen gab es einige. Und so hatte Panganai, als das Lagerfeuer brannte und wir uns alle mit einem lauwarmen *Lion Lager* in der Hand darum versammelten, die Sage vom *Muuyu WaMutota* erzählt. Mutota, der im 15. Jahrhundert lebte, genießt in Simbabwe einen Heldenstatus, der mit dem eines Gilgamesch vergleichbar ist. Er war ein großer Krieger, der mit seinen Eroberungszügen seinem Volk unter anderem den Zugang zu den Salzpfannen im heutigen Mosambik verschaffte – »zu einer Zeit, als Salz kostbarer war als Gold«, wie Panganai uns versicherte. Mutotas Ehrentitel *Mwenemutapa*, »Herrscher der geplünderten Landstriche«, gab dem von ihm begründeten Reich seinen Namen. In Groß-Simbabwe begründete Mutota eine Herrscherdynastie. Doch ein so mächtiger Herrscher habe natürlich auch viele Widersacher gehabt.

Und so schuf er sich ein Versteck: Unweit seines Palastes stand ein alter, hohler Baobab. In ihn zog Mutota sich unbemerkt zurück, wenn Feinde angriffen.

Mehrmals gelang es Mutota auf diese Weise, Anschläge zu überleben. Seine Untertanen erfuhren mit der Zeit davon und verehrten den heiligen Baum.

Als Mutota merkte, dass sein Tod nahe war, forderte er seine Söhne auf, ihn unweit des Baobab zu begraben. Als es so weit war, taten diese wie geheißen und pflanzten acht kleine Baobabs rund um die Grabstätte.

Unter den Shona gilt dieser Baobab-Hain bis heute als heilig, doch wo genau er sich befindet, konnte oder wollte Panganai uns nicht verraten.

Dafür hielten wir am nächsten Tag zweimal an Stätten anderer berühmter Baobabs. Nicht weit vom im Schatten der Chilojo-Cliffs errichteten Lager entfernt zeigte mir Panganai einen Ort, an dem ein Baobab dem berüchtigten Wilderer Bvekenya regelmäßig Unterschlupf geboten haben soll. Von dort aus baute er um 1900 einen florierenden Handel mit gewildertem Elfenbein auf. Leider hatten Elefanten den Baum niedergedrückt und zerstört, in gewisser Weise ein gerechter Racheakt, wie ich fand. Auf der anderen Seite des Flusses Rundi, dessen Bett fast ausgetrocknet war, zeigte Panganai mir einen Baobab, der noch stand und – klein wie er war – nicht besonders imposant wirkte: das Kontor eines weiteren Schmugglers namens Xadrique, der in Gonarezhou wilderte, um den Bürgerkrieg im nahen Mosambik zu unterstützen. Und sich selbst, versteht sich. Panganai führte mich um den Baum herum, deutete auf ein unscheinbares Loch und bedeutete mir, hineinzusteigen. Ich kniete mich nieder und steckte zunächst einen Ast durch das Loch, um Schlangen oder anderes Getier zu verjagen. Nichts geschah.

Ich fasste mir ein Herz und meine Taschenlampe und quetschte mich mit dem Oberkörper ins Innere des Baums. Was ich sah, erstaunte mich: Das hohle Innere des Baobab war viel geräumiger, als es von außen den Anschein hatte. Bis auf einen undefinierbaren, verrottenden Bodenbelag war es leer, es roch modrig. Ich schüttelte mich und verließ das Loch. »Xadrique hat dort seine Beute versteckt und auch manche Nacht verbracht«, verriet mir Panganai, nachdem wir den Ort schon wieder verlassen hatten. Der Wilderer ist längst gestorben, doch seine Geschichte wird unvergessen bleiben. Zumindest so lange, wie sein Baobab noch steht.

»Weisheit ist wie ein Baobab: Kein Einzelner kann sie umfassen.« Quod erat demonstrandum.

Mythos und Medizin

Als der erste Siedler der Anlo das Dickicht seiner neuen Heimat durchstreifte, stand er plötzlich vor einem besonders großen dicken Baobab. Bei seinem Anblick erschrak er so sehr, dass er sich an einen Priester seines Volkes wandte und ihn fragte, was dieser Baum zu bedeuten habe. So beginnt der norddeutsche Missionar Jakob Spieth eine Überlieferung, die ihm vor etwas mehr als 100 Jahren bei den Ewe im Süden Togos erzählt wurde. Der Priester der Anlo, die zur Ethnie der Ewe zählen, antwortete demnach dem Erschrockenen, der Affenbrotbaum sei ein trō und sein Name Agbemawugagbe.

> *Derselbe wolle bei demjenigen Manne wohnen, der ihn gefunden habe. Sofort wurde der Platz unter dem Affenbrotbaum hergerichtet; man baute ein Haus und machte einen Weg dorthin.*

Denn der trō genannte Baum spende Regen und sei deshalb ein trō des Lebens. Was ein trō ist, beschäftigte den Christen Jakob Spieth ganz besonders. Letztlich, so schloss er aus dieser und anderen Erzählungen, glaubten die Eweer, dass Götter nicht statische Wesen seien, sondern gewissermaßen in der Begegnung des Menschen mit der Natur entstünden. Der Philosoph Ernst Cassirer verwendet den Begriff der »Augenblicksgötter«, deren Geburt der entscheidende Moment im mythisch-religiösen Bewusstsein der Ewe sei. So wird eine Quelle zum trō, wenn sie den Durst eines Reisenden löscht, ebenso wie ein Baobab, dessen Baumhöhle einem Fliehenden Zuflucht gewährt. Dieser spricht danach den Satz »Wu hom d'agbe« – dieser Baum hat mir das Leben gerettet – und bringt dem Baobab fortan Opfer dar.

Nicht nur die Ewe, viele Völker auf dem afrikanischen Kontinent verehren den Baobab als heiligen Baum. Im äußersten Norden Ghanas betrauen die Dagomba eigens einen Priester mit dem Schutz der Baobabs in zwei heiligen Wäldern. Der *tunaa* muss sicherstellen, dass alle Rituale korrekt ausgeführt und den Bäumen die richtigen Opfer zur rechten Zeit dargebracht werden. Doch ihm fallen auch profane Aufgaben zu: Der *tunaa* regelt den Zugang zum Wald und die Nutzung der Baobabs. Wenn sich Bewohner darüber streiten, wer die Früchte eines bestimmten Baobab aufsammeln darf, hat der *tunaa* das letzte Wort. Ähnlich ist es bei anderen Naturressourcen, deren nachhaltige Nutzung die Dagomba auf diese Weise sichern. Priester stellen sie nur für die wichtigsten Bäume und Pflanzen ab, was zeigt, welch große Bedeutung der Baobab zum Überleben in der trockenen Savanne des nördlichen Ghana besitzt. Noch weiter nördlich in Burkina Faso werden Baobabs so sehr verehrt, dass sie beim Roden stets stehen bleiben, selbst wenn sie noch jung und daher klein genug zum Fällen wären. Generationen von Bauern eggen, säen und ernten um den wachsenden Baum herum. Die im Zentrum des Landes lebenden Lyele nennen Jungen aus Verehrung für den Baum Kukulu, Baobab. Andere Völker führen ihre ganze Existenz auf den Baobab zurück. Die Dompo im Westen Ghanas glauben, dass sie von einem einzigen Krieger abstammen, der aus einem riesigen, gespaltenen Baobab heraus auf einem Pferd in die Welt ritt. Der Baum steht bis heute nicht weit von ihrer Siedlung entfernt. Womöglich teilen sie den Glauben, der mir auf der anderen Seite des Landes, der Region um den Volta-Stausee, überliefert wurde: Wenn die Baobabs rund um ein Dorf sterben sollten, bräche die dort lebende Dorfgemeinschaft unweigerlich auseinander.

Viele Dörfer überall in Afrika haben ›ihren‹ Baobab. Manchmal steht er im Zentrum, wo sich unter dem Schutz seines Blätterdachs das Dorf versammeln und beraten kann. Vielleicht hat hier das Sprichwort der Akan und der Ewe seine Wurzeln: »Weisheit ist wie ein Baobab: Kein Einzelner kann sie umfassen.« Wächst das Dorf zur Stadt heran, so werden selbst asphaltierte Straßen um den Baobab herumgebaut. Manchmal stehen Baobabs aber auch am Rand des Dorfes, etwa weil sie ein Geheimnis hüten – so wie in Idi-Ose im Süden Nigerias. Osé bedeutet in der Sprache der Yoruba Baobab, Idi Dorf. Inzwischen ist Idi-Ose von der Drei-Millionen-Metropole Ibadan förmlich verschluckt worden. Doch der Baobab, der dem Ort seinen Namen gab, ist immer noch da. Sein, oder besser: ihr Name lautet Iya-Olomo, Mutter der Kinder. Angeblich legten Frauen bis in die 1960er-Jahre 100 Kilometer und mehr zurück, um dem im Baobab lebenden Geist eine Ziege oder einen Hahn zu opfern. Das Blut des Tiers wurde in eine Baumhöhlung gegossen. Im Gegenzug sollte der Geist erwirken, dass die Opfernde ihre Unfruchtbarkeit überwände. Und das war nicht alles. Der Erzählung nach soll der Baobab das Dorf auch vor Feinden geschützt und selbst Epidemien wie die Pocken von den Bewohnern ferngehalten haben. Bis heute werden in Idi-Ose Neugeborene in Seifenwasser gewaschen, dem ein wenig Baobabrinde beigegeben wird. Auf diese Weise sollen sie von Anfang an vor dem

Bösen geschützt werden. Wohlgemerkt sind nicht alle Geister, die in den Baobabs leben, so menschenfreundlich. Am Kenyatta Drive von Daressalam, einer von Abgasschwaden und dem unablässigen Hupen der Matatu genannten Kleinbusse heimgesuchten Hauptverkehrsstraße, stand vor einigen Jahren noch ein Baobab, aus dessen Stamm ungezählte Nägel und Stahlstifte ragten. In ihm, so sagte man, lebte nicht ein Geist, sondern viele. Die Menschen, die sich Glück, Erfolg oder Liebe erhofften, schrieben ihre Wünsche auf ein Papier, das ein Mganga genannter Zaubermeister an den Baobab nagelte. Wer einen Nebenbuhler ausstechen, einen Konkurrenten ausschalten oder einen Feind besiegen wollte, der konnte ihm mit einer entsprechenden Botschaft auch einen Fluch an den Hals hexen. Diesen schrieb der Mganga nicht auf ein Blatt, sondern auf ein faules Ei, das in eine Spalte des Baumes geworfen wurde. Als ich den Baum besuchte, war der Gestank nach Schwefel unerträglich, und am Baumstamm waren überall Reste von Eierschalen zu sehen. In Tansanias größter Stadt, die von mehr als fünf Millionen Menschen bewohnt wird, herrschte an Flüchen offenbar kein Mangel. Mindestens ein Dutzend Waganga machten dem Baum täglich ihre Aufwartung, sagte mir damals ein Kokosnussverkäufer, der den Baum stets gut im Blick hatte. Unter denen, die die Geister im Baobab gnädig oder ungnädig stimmen wollten, sollen auch Politiker gewesen sein. Vermutlich suchten sie ihn vor entscheidenden Abstimmungen oder Wahlen auf.

Zum Mythos des Baobab gehört auch die Magie. Der Missionar Jakob Spieth erfuhr im heutigen Togo, dass zur Ausrüstung jedes mächtigen Zauberers der Ewe unbedingt »Früchte und Fasern vom Affenbrotbaum« gehören. Diese würden etwa zum

Was mag auf den Blättern stehen, die an diesen Baobab angeschlagen sind? Bloße Nachrichten oder doch ein Zauber?

Schließen eines unauflöslichen Zauberbundes benötigt, mit dem zwei Menschen sich ewige Treue schwören: Zunächst ritzen sich beide die Hand auf, um ihr Blut auszutauschen, danach ›saugen‹ sie an einer Auswahl von Gegenständen, die symbolisch für die Strafe stehen, die beim Bruch des Schwurs droht.

> *An dem Golde wird gesaugt, damit derjenige, der den Bund bricht, so gelb wird wie das Gold;* [...] *an dem Affenbrotbaum, dass der Übertreter furchtbar anschwillt und bald darauf stirbt.*

Der Baobab ist aber auch Ingredienz für wichtige Heilzauber, unter denen Spieth einen besonders hervorhebt:

> *Afokiklidzo und Notsrōdzo. Diese beiden Zauber bestehen in einer Schnur, die gedreht und umgehängt wird. In die Schnur hat man zwei Fläschchen für das Zauberpulver, Haare vom Eichhörnchen, Federn vom Papagei und vom Stundenvogel geknüpft. Die dazu gehörigen Medizinen sind Rotholz, Holz vom Affenbrotbaum und vom Seidenwollbaum, Erde vom Termitenhügel, ein neuer Schwamm, Hühnereier und schwarze Seife. Weil dieser Zauber stärker ist als jeder andere, darf er mit keinem derselben in Berührung kommen; sonst würde dieser zugrunde gehen. Er muss deshalb auch nach dem Gebrauche hinter das Haus gestellt werden. Stößt jemand den Fuß an, dass es eine Wunde gibt, so preßt man den Saft der zu dem Zauber gehörigen Kräuter in die Wunde, wodurch sie heilt.*

So zeichnet es der Missionar der Norddeutschen Missionsgesellschaft auf, ohne dass er in seinem christlichen Glauben erschüttert wirkt. Im Vorwort seiner Dissertation *Zur Religion der Eweer* betont er, die Selbstaussagen seien »unmittelbar aus dem Munde der Eingeweihten in der Landessprache und mit ih-

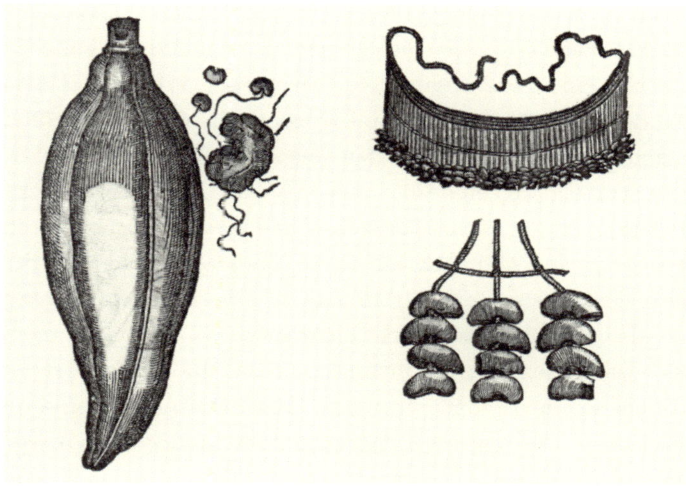

Schon der flämische Arzt Matthaeus Lobelius wusste 1581 um die heilende Wirkung des Baobab und seiner Bestandteile.

ren eigenen Worten niedergeschrieben.« Weil Spieth dabei auf jede Interpretation verzichtete, wirkt seine Arbeit von 1910 bis heute eindrücklich – und an manchen Stellen trotz ihres Alters geradezu aktuell. Auf den Märkten der togoischen Hauptstadt Lomé verkaufen die ›Féticheure‹ genannten animistischen Priester bis heute alles, was man für einen Zauber braucht. Und sie werden angewendet. Kurz vor der Fußball-WM 2006 nahm Togos Polizei am Rande eines Freundschaftsspiels in Lomé acht Féticheure fest, die angeblich den Gegnern aus dem Kongo zum Sieg verhelfen sollten. Togo gewann danach mit 2:0.

Fast 110 Jahre nach Spieths Veröffentlichung und mehr als 6000 Kilometer südöstlich von Togo traf ich am Nachmittag eines langen und staubigen Tages einen Mann, der mit den Geistern im Baobab sprach. Die Zeit nach Sonnenaufgang hatte ich noch in einem Krankenhaus am Malawisee verbracht, in dem Kinder gegen Masern geimpft wurden. Als die Sonne höher stand, machte ich mich auf den Weg in die Berge, auf einer engen Straße, deren eine Seite noch in Malawi, die andere bereits in Mosambik lag. Hinter der Provinzhauptstadt Dedza mit ihren Häuschen aus Wellblech wurde die Straße zu einem Weg, der sich schließlich zu einem steil bergauf führenden Pfad verengte. Als es mit dem Auto nicht mehr weiterging, hatte ich mein Ziel fast erreicht. Ich war in Sumbi, einem 4000-Seelen-Ort mit rötlich schimmernden, strohgedeckten Hütten aus Lehm und Backstein. Die schroffen Felswände der umliegenden Berge warfen bereits lange Schatten. Ich stellte das Auto ab und fragte die Jungs auf dem Fußballplatz nach dem Weg. Einer von ihnen, ein vielleicht neunjähriger Knirps mit einem roten T-Shirt voller Löcher, winkte mir, ihm zu folgen. Er lief mühelos voraus, mehrere Abhänge hinunter und wieder hinauf, und als ich ihn endlich schweißnass eingeholt hatte, zeigte er auf eine Hütte, vor der eine Fahne an einem langen Stock wehte. Auf gelbem Grund war ein umgedrehtes Kreuz zu sehen. Ich war angekommen. Vor seinem Haus wartete Adam Jikilosi auf mich.

Gehört hatte ich von ihm als Magier, Zauberer oder »Mann, der mit den Geistern spricht«. Mit seiner grünbraunen Hose aus Polyester und dem weißen Hemd erinnerte er eher an einen Buchhalter. Jikilosi selbst stellte sich bescheiden als traditioneller Heiler vor, der mithilfe von Wurzeln und Bäumen Sumbis Bewohner gesund mache. »Ich kümmere mich etwa um Kopf- und Rückenschmerzen, um Rheuma oder geschwollene

Beine.« Gegen Tuberkulose, Bluthochdruck oder HIV, alles weit verbreitete Leiden in Sumbi, seien er und seine Frau Anna Endifolo hingegen machtlos. »Dafür bräuchte es einen Arzt, aber der ist weit weg im Tal – das ist unser Problem hier oben.« Wenn in Sumbi jemand krank wird, kommt er, kommt sie deshalb zu Jikilosi, der dann die Geister um Rat fragt. Zum ersten Mal hat er das gemacht, als er selbst krank wurde. »Ich tanze nicht wild herum, sage Zaubersprüche auf oder so was – ich meditiere und versenke mich in mich selbst, dann kommen die Geister und sprechen zu mir.« Irgendwann erhebt er sich dann und wandelt wie in Trance umher, überzeugt, dass er selbst die gleiche Krankheit hat wie derjenige, den er behandeln soll. »Die Geister sagen mir exakt, zu welchem Baum ich gehen soll, welcher unserer Baobabs der richtige ist, und dort träume ich dann, welcher Teil des Baums die Krankheit heilen wird – ein Blatt, eine Wurzel, die Rinde. Die Geister wissen genau, was wogegen hilft.« Weiter ins Detail will er nicht gehen. Doch seine Ehrfurcht vor den knorrigen Riesen und den Geistern, die in ihnen leben, ist offenkundig. Anna Endifolo spricht nicht mit den Geistern, aber auch sie geht oft zu dem ein oder anderen Baobab von Sumbi. Um Kopfschmerzen zu vertreiben, mixt sie verschiedene Zutaten vom Baum in einem Mörser. »Wenn eine Frau kein Kind empfängt, kann eine spezielle Baobab-Mixtur dazu beitragen, dass sie schwanger wird«, erklärt sie. Manchmal mischt sie auch eine Baobab-Paste an, die Tätowierungen und Hautflecken verschwinden lässt. »Der Baobab ist ein medizinisch äußerst vielfältiger Baum«, lächelt sie. »Jeder Teil von ihm hat eine Wirkung.« Das Wissen des Paars ist Generationen alt und hat sich immer wieder bewährt. Schon Adam Jikilosis

Prospero Alpini ließ als Erster den Baobab in Kupfer stechen – eine erstaunlich realistische Darstellung dafür, dass er nie einen Baobab in freier Wildbahn gesehen hatte.

Vater war Heiler im Dorf wie sein Vater vor ihm. Keines ihrer Geheimnisse wurde jemals aufgeschrieben, ihr Wissen über Bäume, ihre Standorte und Heilkräfte haben sie nur mündlich weitergegeben. »Und eines Tages wird eins unserer sechs Kinder unser Wissen in die nächste Generation tragen«, versichert mir Jikilosi.

Als Händler im späten Mittelalter auf den Märkten von Kairo Baobabpulver kauften, verkauften sie es in Europa zunächst als Ergänzung oder Ersatz für medizinische Heilerden, etwa die seltene »Siegelerde«, die als *terra sigillata* schon in der Antike als Heilmittel galt. Sie wurde gegen allerlei Leiden verschrieben: So sollte sie unter anderem hohes Fieber senken und Durchfallerkrankungen heilen, aber auch schwere Erkrankungen wie die Ruhr, die Pocken und sogar die Pest lindern. Die erste Abbildung von Teilen des Baobab in einem Buch, die der Venezianer Prospero Alpini (botanisches Autorenkürzel: Alpino) 1592 in Kupfer stechen ließ, zeigt Blätter und die Frucht, jene Bestandteile, die er selbst als Arzt in Kairo sah und medizinisch nützlich fand. Offenbar entfaltete auch das importierte Baobabpulver Wirkung. Zumindest verwendeten Ärzte es noch bis ins 19. Jahrhundert, ebenso wie einen Extrakt der Baobab-Rinde, der gegen wiederkehrende Erkrankungen wie *Malaria tropica* verschrieben wurde.

Heute suchen Pharmakologen nach den Wirkstoffen, die in Rinde, Wurzeln, Früchten oder Samen des Baobab stecken. Die Erforschung bisher vernachlässigter Pflanzen ist für viele Pharmakonzerne ein wichtiger Zukunftsmarkt. Ihnen fehlt das Wissen, das Adam Jikilosi und Anna Endifolo so zuverlässig hüten. Stattdessen haben sie Labore und Versuchsanordnungen, die die Heilkräfte des Baobab sezieren sollen. Dabei zeigt sich, dass die heilenden Kräfte des Affenbrotbaums nicht allein magisch sind. Inzwischen gilt als nachgewiesen, dass die Rinde (vermutlich durch das darin enthaltene Tannin) Blutungen stoppt, Entzündungen hemmt, die Blutgefäße erweitert und außerdem schweißtreibend wirkt und daher die Verdunstungskälte auf der Haut selbst hohes Fieber senkt. Die Wirkstoffe sind noch nicht eindeutig bestimmt. Die Biochemiker John-James Willaman und Hui-Lin Li meinten in den 1960er-Jahren, in Baobabrinde einen alkaloidähnlichen Stoff nachgewiesen zu haben, den sie nach *Adansonia digitata* ›Adansonin‹ nannten und der auch gegen Herzkrankheiten wirken sollte. Allerdings ist umstritten, ob Adansonin wirklich existiert. Wirkungen sind oftmals leichter nachzuweisen als die biochemische Struktur, die sie bedingt. Das Gleiche gilt für die Umkehrung: So sind in Baobabrinde Glykoside nachgewiesen worden, die als HIV- und krebshemmend gelten. Eine entsprechende Wirkung in der Anwendung ist bislang aber nicht erwiesen.

Ob das Fruchtfleisch des Baobab tatsächlich gegen Durchfallerkrankungen hilft, untersuchten 1997 Anta Tal-Dia und sein Team der medizinischen Fakultät an der Universität Dakar. In einer klinischen Studie behandelten sie 79 an akutem Durchfall erkrankte und bereits leicht dehydrierte Kinder im Alter von einem halben bis zu zwei Jahren mit der Standardlösung, die die Weltgesundheitsorganisation zur Bekämpfung von Durchfall empfiehlt. 82 Kindern mit dem gleichen Krankheitsbild wurde dagegen eine Lösung aus Wasser und Baobabpulver verabreicht. Nach 48 Stunden Beobachtung fanden die Ärzte heraus, dass die Standardlösung und das Baobab-Gemisch

Der um 1840 in der Flore d'Amérique *verewigte Baobab reiste vermutlich schon als Samen per Anhalter auf einem Dampfer aus Afrika.*

gleiche Ergebnisse erbrachten. Weil die Baobab-Lösung einen besseren Nährstoffgehalt aufweise, kulturell akzeptiert und deutlich günstiger als die alternative Behandlung sei, empfahlen die Wissenschaftler für den Hausgebrauch künftig diese Variante. Genutzt wird sie ohnehin bereits, nicht nur bei Durchfall, auch bei Magenschmerzen oder selbst bei Ruhr. In Mali dagegen gilt pulverisierte Baobabfrucht als Laxativ, das gegen Verstopfung hilft. Viele Gambier essen eine Paste aus Wasser und Baobabfruchtpulver als Mittel gegen Brechreiz. Offenbar wirken die Früchte auf Magen- und Darmtrakt, wie genau, liegt aber bislang im Dunkeln.

Und wie steht es um Kopf- und Rückenschmerzen, um Rheuma oder geschwollene Beine, die der Malawier Adam Jikilosi mithilfe des Baobab behandelt? Labortests an Mäusen ergaben, dass ein Extrakt aus Baobabfrüchten eine ähnlich schmerzlindernde Wirkung hat wie Aspirin. Bei Ratten, die in einer anderen Studie mit Bakterien, die zur Lungenentzündung führen, infiziert wurden, senkte ein ähnlicher Extrakt das Fieber von 38,6 auf 37,3 Grad. Ein Gemisch aus Fruchtfleisch und heißem Wasser wirkte bei Ratten entzündungshemmend: Entzündete Pfoten schwollen je nach Konzentration der Baobab-Lösung auf 1,81 bis 1,75 mm ab, während sie unbehandelt angeschwollen und fast vier Mal so dick (6,35 mm) blieben. Die Laborergebnisse decken sich nicht nur mit Jikilosis Erfahrungen, sondern auch mit denen vieler anderer Afrikaner. In Benin wird mit einem Sud aus Baobabrinde das Fieber von Malariakranken gesenkt, und in Tansania wird das Öl aus Baobabkernen gegen Rheuma verschrieben. Der Pharmazeut Guy Paulin Poungoue Kamatou von der Technischen Universität in Tshwane in Südafrika hat solche pharmakologischen Studien mit den traditionellen Anwendungen des Baobab verglichen. Die Überschneidungen sind vielfältig. So weisen Studien nach, dass Extrakte aus Wurzel und Rinde des Baobab Mikroorganismen abtöten. Trypanosomen, Erreger der in Afrika weit verbreiteten Schlafkrankheit, werden nach Injektion von Wurzel-, Blätter- oder Rindenextrakt in ihrer Bewegung derart eingeschränkt, dass Wissenschaftler hoffen, damit eines Tages die Infektion besiegen zu können. Die Schlafkrankheit verläuft in den meisten Fällen tödlich. Doch bis jetzt wurde diese Wirkung nur im Labor, in vitro, erprobt. Der Weg zu einer darauf basierenden Medizin ist noch lang. Ähnliche Versuche gegen Plasmodien, die Erreger von Malaria, verliefen erfolglos. Dagegen wurde ein Blätterextrakt erfolgreich gegen das Influenzavirus und gegen Herpes eingesetzt. Anzeichen gibt es auch dafür, dass Baobabrinde gegen Diabetes helfen könnte. In Südafrika und Kamerun, der Zentralafrikanischen Republik und dem Senegal, Nigeria und Sierra Leone, Mali und Kenia, Tansania, Burkina Faso, Südafrika und dem Sudan dokumentierte das Team um Kamatou ganz ähnliche traditionelle Anwendungen.

Mythos, Magie und Medizin liegen, zumindest wenn es um den Baobab geht, näher beieinander, als man denken mag. Wer weiß, welche Geheimnisse noch in Rinde und Wurzel, Blatt und Frucht des Baobab stecken? Vielleicht Anna Endifolo? Immerhin behauptet sie, mithilfe des Baobab auch Unfruchtbarkeit beenden zu können. Nicht lange nach meinem Besuch bei ihr hörte ich von einem besonders knorrigen Baobab, der in der Stadt Keren im eritreischen Hochland wächst, gut zwei Stunden von der Hauptstadt Asmara entfernt. In seinem Schatten soll gelegentlich eine kinderlose Frau sitzen und Kaffee zubereiten. Der Sage nach wird der Kinderwunsch der Frau erfüllt, wenn ein Mann einen von ihr im Schatten des Baobab zubereiteten Kaffee akzeptiert. Ob er noch mehr akzeptieren muss, ist nicht überliefert. Dem Baobab haben Nonnen vor mittlerweile mehr als 100 Jahren einen kleinen Schrein errichtet. In seinem Stamm soll mittlerweile auch eine Marienfigur einen festen Platz gefunden haben. Denn auch unter frommen Christen ist der Baobab von Keren als St. Maryam Dearit dafür bekannt, dass er der Fruchtbarkeit dient. Und das seit geschätzt mehr als 500 Jahren. Der Deutsche Hans Dieter Neuwinger, der sich auf Chemie, Pharmakologie und Toxikologie afrikanischer Pflanzen spezialisiert hat, berichtet, dass Unfruchtbarkeit in Benin mit einem Gericht aus dem Fruchtfleisch des Baobab und der Wurzel eines weiteren Savannenbaums behandelt wird, der den wissenschaftlichen Namen *Pseudocedrela kotschyi (Schweinf.)* trägt – wobei Schweinf. die Abkürzung für den deutschen Forschungsreisenden Georg August Schweinfurth ist, der den Baum bei seiner Reise durch Westafrika beschrieb. Offenbar schmeckt die Medizin so bitter, dass sie mit einer scharfen Soße eingenommen wird. Die Behandlung dauert einen Monat. Doch wer sagt, dass die Frau an der Kinderlosigkeit schuld sein soll? In Somalia wird ein eingekochter Extrakt aus der Baobabfrucht Männern als Mittel gegen Impotenz verabreicht, während Baobabblätter in vielen afrikanischen Ländern als Aphrodisiakum für Mann und Frau gleichermaßen gelten. Anna Endifolo kennt vermutlich mehr als einen Weg, Kinderlosen zum Glück zu verhelfen. Der Baobab scheint dafür genügend geeignete Mittel bereitzustellen.

Der Vielzweckbaum

Seit bald fünfzig Jahren treffen sich im Frühjahr Erfinder aus aller Welt in Genf. Im Gepäck haben sie ihre jüngsten Ideen und manchmal bereits einen Prototyp. Abdoulaye Sanokho hatte 2013 Konstruktionspläne mitgebracht. An den trostlosen Messestand aus leidlich weiß gestrichenen Papptrennwänden hatte er mit Tesafilm ein paar Farbausdrucke von Baobabfrüchten aus seiner senegalesischen Heimat geklebt. Vor dieser Kulisse saß er auf einem Klappstuhl und wartete auf Investoren. Als ich mich seinem Stand näherte, sprang er auf und schüttelte mir begeistert die Hand. Sein Strahlen erlosch auch nicht, als ich ihm beichtete, kein Investor zu sein. Sanokho war einfach froh, dass sich jemand für seine Maschine interessierte. Auf einem kleinen Tisch rollte er die akkurat auf Millimeterpapier gezeichneten Pläne aus und begann sie zu beschreiben. »Ich habe eine Maschine entwickelt, die automatisiert das Fruchtfleisch aus Baobabfrüchten entfernen und zu Pulver verarbeiten kann«, erklärte er mir. Man müsse lediglich die geernteten Früchte durch einen riesigen Trichter in die Maschine schütten. »Das Prinzip ist sehr einfach. Im ersten Schritt wird die Frucht zerlegt, dann werden in verschiedenen Stufen Schale, Fasern und Kerne ausgesondert. Schließlich ist nur noch das Fruchtfleisch übrig, das gemahlen wird. Auf diese Weise können Sie sehr schnell sehr große Mengen Baobabpulver erzeugen, wie sie für die industrielle Produktion gebraucht werden.«

450 Kilo pro Stunde schaffe die Maschine, das entspreche der durchschnittlichen Ausbeute eines mittelgroßen Baums, schwärmte der erfinderische Botaniker. Das klang zwar beeindruckend, doch damals fragte ich mich noch, wofür genau diese riesigen Mengen Baobabfruchtpulver gebraucht werden sollten. Noch fristete es in unscheinbaren Tütchen ein Nischendasein in einigen wenigen Bio- und Fitnessläden. Doch Sanokho ahnte bereits, dass sich das ändern würde. »Baobabmehl kann mit Hirse oder Reis zu vielen Gerichten kombiniert werden, außerdem sind viele Antioxidantien in Früchten und dem Kernöl enthalten, deshalb gibt es Interesse etwa in der Kosmetik. Und immer mehr Lebensmittelhersteller sehen im Baobabpulver die Basis oder Zusätze für Getränke, für Gebäck oder Joghurt.« Seine Maschine, so frohlockte Sanokho, werde Bauern Arbeit verschaffen, die die aufgesammelten Baobabfrüchte bislang säckeweise verkauften. »Wenn sie die Veredelung selbst in der Hand haben, werden sie vom unausweichlichen Boom der Baobabprodukte in Europa profitieren.« Sanokho war guter Dinge, der senegalesische Präsident persönlich hatte ihm gerade erst den Grand Prix für technische Innovation überreicht. Auch der höchste Mann im westafrikanischen Staate glaubte fest an das Potenzial des Baobab, der quasi Senegals Bundesadler ist: Er ziert das Staatswappen. An Bäumen jedenfalls mangele es nicht, versicherte der Erfinder mir. Allein im Senegal wüchsen 1,5 Millionen. Das erschien mir übertrieben, aber dass es viele sind, ist unbestritten. Genaue Zählungen gibt es nicht, schließlich wurden die Bäume nicht gepflanzt und sind niemandes Eigentum. Wer sollte sie also zählen? Bisher genügte es zu wissen, dass Früchte im Überfluss vorhanden waren.

Anders als die kleinen Felder, die Subsistenzbauern mühsam dem Busch abrangen, um dort ein bisschen Hirse, Reis, Mais oder Cassava anzubauen, gehören die Baobabs bis heute allen. Wenn anderes Essen knapp ist, ernähren sich Afrikaner vom Sahel bis zur Kalahari von dem, was der Vielzweckbaum zu bieten hat. In Mali ernten die Frauen zu Beginn der Regenzeit die jungen Blätter, die roh oder wie Spinat gekocht gegessen werden. Am Ende der Regenzeit, bevor die Baobabs ihre Blätter verlieren, klettern dann die Männer erneut in die Baumkronen, um die Blätter großflächig mit Sicheln abzuernten. Getrocknet können sie monatelang aufbewahrt werden. Gegessen werden sie erst, wenn andere Vorräte aufgebraucht sind und die neue Ernte noch auf sich warten lässt. In Westafrika sind die getrockneten und zu Pulver zerkleinerten Blätter als *lalo* oder *kuka* bekannt, das oft einfachste Suppen und Eintöpfe würzt und bindet. Im Ergebnis ist die Brühe, ähnlich wie bei Verwendung der Okra-Schote, leicht schleimig und von salzig-nussigem Geschmack. In Kaduna im Norden Nigerias verriet mir eine so fröhliche wie stattliche Mutter von acht Kindern das Rezept ihrer *Miyan Kuka*, ein Eintopf, der stets mit drei großen Esslöffeln getrockneter und zerstoßener Baobabblätter zubereitet wird. Der Rest des Rezepts ist in jeder Hütte anders. Hauwa, so hieß die Köchin, bestand darauf, dass zu ihrer Miyan Kuka eine Rinderrippe unerlässlich sei. Dazu komme getrockneter Fisch, eine Handvoll mehr oder weniger frischer Gambas, rotes Palmöl, Bohnen, Chili und eine große Zwiebel. Das alles würzte sie mit einem oder zwei kleinen, in Alufolie verpackten Maggiwürfeln, die in Nigeria selbst im kleinsten Dorf zu haben sind. Je länger sie die Suppe kochen lasse, umso glibbriger werde

Wenn weiße Rosen aus Athen sagen: »Komm recht bald wieder« – was sagen dann erst weiße Baobabblüten aus Afrika?

sie, sagte Hauwa stolz. Ich musste weiter und konnte nicht zum Essen bleiben. Ich hoffe, eines Tages zu Hauwas kleinem Häuschen mit der Feuerstelle im Innenhof zurückkehren zu können, um ihr Leibgericht zu kosten.

In Burkina Fasos Hauptstadt Ouagadougou wurde mir am Rand des afrikanischen Filmfestivals einmal ein Fruchtcocktail serviert, der mit einer Baobabblüte verziert worden war. Der Kellner versuchte mich zu überzeugen, die Blüte zu essen. Stattdessen steckte ich sie in einem unbeobachteten Moment in die Tasche und suchte später am Tag einen Baobab, um herauszufinden, ob die Blüte tatsächlich von ihm stammte. Und tatsächlich: der Kellner hatte die Wahrheit gesagt. Die Blüte war mittlerweile aber zu verwelkt, als dass ich sie hätte probieren wollen. Zudem roch sie bereits eigentümlich. Ich hätte nicht zweifeln sollen, denn kaum etwas am Baobab ist ungenießbar: Die harzartige Substanz, mit der der Baum von innen heraus die Wunden seiner Rinde heilt, wird mit Wasser verdünnt getrunken. Rindenpulver gilt den Fulani-Nomaden im Nordosten Nigerias als Stärkungsmittel für unterernährte Kinder. Und in Australien – neben Afrika der einzige Kontinent, auf dem eine Baobabart heimisch ist – kochen Aborigenes in Dürrezeiten angeblich sogar das fasrige Holz des *Boab Tree*, um es mitsamt der in ihm enthaltenen Flüssigkeit zu sich zu nehmen. So berichtet es jedenfalls der Botaniker John Brock in seinen *Native Plants of Northern Australia*, worin er vieles von dem weitergibt, was die Urbevölkerung des fünften Kontinents über dessen Flora weiß.

In Australien, Madagaskar und auf dem afrikanischen Kontinent haben Menschen offenbar unabhängig voneinander herausgefunden, dass sich die Fasern des Baobab hervorragend zum Seilmachen eignen, obwohl es überhaupt nicht einfach ist, an sie heranzukommen. Dem Österreicher Friedrich Welwitsch, der zwischen 1853 und 1861 als erster Botaniker die Pflanzenwelt in Angola katalogisierte, zeigten im Hochland lebende Indigene, wie sie die Fasern aus dem unter der Borke verborgenen Bast gewannen:

> *Sie lösen die Rinde in Bögen von etwa drei bis fünf Fuß Länge und zwei bis drei Fuß Breite ab; dieser Vorgang ist wegen der schwammartigen Weichheit des Materials relativ leicht zu bewerkstelligen. Nach kurzem Einweichen legen sie die Bögen in die Sonne und schlagen auf sie ein, damit sich die unterschiedlichen Faserschichten voneinander lösen. Dabei kommt eine saubere Innenrinde zum Vorschein, die, wenn sie zu Säcken verarbeitet ist, Holzkohle, Früchte, Wurzeln, Baumwolle und anderes halten kann. Oder die Fasern werden aufgetrennt und zu diversen Haushaltsgegenständen verarbeitet, so zu Seilen, Netzen, Taschen undsoweiter.*

Welwitsch bemerkte, wie überaus widerstandsfähig die Säcke aus den Fasern des in Angola ›N-Bondo‹ genannten Baobabs seien: Selbst zentnerschwere Ladungen Baumwolle würden darin verpackt vom Landesinneren sicher bis in die Hafenstadt Luanda transportiert. Immer noch werden auf diese oder ähnliche Weise die Fasern des Baobab gewonnen, auch wenn Material wie Sisal heute gebräuchlicher ist. Das Besondere an dieser Art der Fasergewinnung ist, dass der Baobab sogar dann überlebt, wenn ihm die gesamte Rinde abgezogen wird. Die meisten anderen Bäume würden daran zugrundegehen. Baobabs dagegen regenerieren Bast und Borke zur Gänze; die dafür zuständigen Zellen befinden sich im Organgewebe, dem Parenchym, das noch unter einer nach dem Abzug der Rinde ungeschützten hölzernen Schicht, dem Kambium, liegt. Die Rinde der meisten anderen Baumarten regeneriert sich nur langsam aus Zellen, die sich im offengelegten Kambium befinden. Eine komplette Häutung wäre für sie deshalb das Todesurteil. Wäre dies auch beim Baobab der Fall, ist anzunehmen, dass die Fasern dort geblieben wären, wo sie sind, im Baum. Denn in Afrika lebt man traditionell mit dem Baobab, nicht von ihm. So vielfältig sein Angebot ist, verwertet wird seit Jahrhunderten nur so viel, dass der Baum unbeschadet bleibt und im kommenden Jahr erneut genutzt werden kann.

Natürlich erwähnt Welwitsch auch die in Angola ›mûcua‹ genannten Baobabfrüchte, mit deren Fruchtfleisch die in Angola lebenden Völker eine Limonade »mit einem angenehmen Geschmack und besonders erfrischend auch bei Fieber« herstellten. Im Senegal heißt der Saft *bouye* und wird an beinahe jeder Straßenecke verkauft. Erfrischend ist er auch dann, wenn man kein Fieber hat; die Mischung aus Wasser und zu Pulver zerriebenem Fruchtfleisch wird meist mit etwas Zucker gesüßt, schmeckt aber dennoch säuerlich. Gesund ist er auch noch: Das Fruchtfleisch enthält angeblich sechsmal mehr Vitamin C als eine Orange, zehnmal mehr Antioxidantien als ein Apfel und doppelt so viel Calcium wie Milch. Das entschädigt für die aufwändige Herstellung, denn die Frucht wird entweder als Ganzes gekocht, nach einer guten Stunde Kochzeit geöffnet und der Inhalt durch ein Sieb gestrichen – oder die Schale wird aufgebrochen, das Fruchtfleisch entnommen und zu Pulver gemahlen, bevor es mit Wasser und Zucker gemischt wird. Das Fruchtfleisch wird auf ungezählte Arten genossen. Bevor ich zum ersten Mal eine Baobabfrucht öffnete, nahm ich an, die Kerne seien rot. Denn die *mabuyu* genannten, vom Fruchtfleisch umgebenen Baobabkerne, die an Kenias Küste überall in Zellophan verpackt als Süßigkeit verkauft werden, leuchten strahlend in dieser Farbe. Erst später erfuhr ich, dass sie gefärbt werden. Das erklärte natürlich, warum meine Zunge nach einem Tütchen *mabuyu* genauso rot leuchtete wie die kandierten Baobabkerne, die die Suaheli seit Jahrhunderten herstellen. Unter der zuckrigen Hülle schmeckt das Fruchtfleisch herrlich sauer und erfrischend. Eben deshalb wird es in der Elfenbeinküste unbehandelt direkt aus der Frucht gegessen. Alternativ wird es in vielen Sahelländern in Wasser eingeweicht, gerne mit einem Löffel Zucker, um die Säure abzuschwächen. Einmal weich, wird es mit Hirse, Reis oder Maismehl gemischt. Wegen seines Säuregehalts wird das zu Pulver gemahlene Fruchtfleisch zudem als Backtriebmittel verwendet. So kam der Baobab zu seinem Namen im Afrikaans: *Kremetartboom*, Sahnetortenbaum.

Die Baobabkerne rösteten Franzosen in Westafrika als Mandelersatz für ihren *gâteau aux amandes*. Wegen ihrer dicken, harten Schale werden die Kerne sonst gekocht, eingeweicht, zermahlen oder zerbrochen, bevor sie verwendet werden. In Westafrika fermentiert man die Kerne für eine gute Woche und röstet sie später. Wegen ihres hohen Ölgehalts sind die Samen so beliebt, dass manche Völker die unverdauten Kerne aus Dunghaufen – etwa von Pavianen – sammeln, bevor sie sie gut gewaschen in der Sonne trocknen lassen und danach zermahlen oder auspressen. Die Ölgewinnung ist ein hartes

Bu hibab *bedeutet auf Arabisch ›Frucht mit vielen Samen‹: Eingebettet im säuerlichen Fruchtfleisch können es einige hundert sein.*

Geschäft. Auf traditionelle Weise gepresst ist die Ausbeute gering, obwohl der Ölgehalt bei gut einem Drittel liegt. Doch was heißt das schon: hartes Geschäft? Bereits die Ernte ist keine leichte Arbeit. Die einen werfen Steine, Stöcke oder (in Australien) Bumerangs in die Krone, um damit die reiferen Früchte abzuschlagen, andere klettern die Stämme herauf, wobei sie mit einem Messer Trittstufen in die Rinde schneiden. Manchmal wird auch mit eingeschlagenen Holzpflöcken oder Nägeln eine Leiter improvisiert. Dem Baum schadet das nicht. Anrainer eines Baobab wissen im Übrigen genau, ob sich bei ihrem Exemplar der Aufwand lohnt. Die Früchte mancher Baobabs sollen besonders gut schmecken, während andere als weniger lecker gelten. Mal ist es die Farbe des Stamms, mal die Form der Früchte, die darüber Auskunft gibt. Biologische Erklärungen dafür gibt es nicht. In ihrem Aufbau gleicht eine Frucht von *Adansonia digitata* der aller anderen Arten. Die richtige Unterscheidung auszumachen, ist eine Kunst, die Erfahrung voraussetzt. Wer den Baobab erntet, ist kein Bauer, schließlich wird der Baum nicht angepflanzt. Er gehört zu den Sammlern, oder vielmehr gehört sie zu den Sammlerinnen, denn oft sind es Frauen, die diese Arbeit verrichten. Eine Arbeit, die sich verändert hat, seit aus dem Vielzweckbaum fürs Dorf in den vergangenen zwei Jahrzehnten ein kommerziell bedeutender Baum geworden ist; ein NTFP, kurz für ›non-timber forest product‹, also nichthölzernes Forstwirtschaftsprodukt, das von Afrika nach Europa, Asien und Nordamerika exportiert wird. Der Traum von Abdoulaye Sanokho, dem Erfinder der Baobabmaschine, ist wahr geworden.

Andrew Kingman teilt diesen Traum. In Chimoio, einer Provinzhauptstadt im Westen Mosambiks, hat der Brite eine Baobabfabrik gebaut. Die Bäume wachsen überall im nahen Hochland, dessen trockene Böden einmal dicht bewaldet waren. Die wenigen Flussläufe führen nur saisonal Wasser, auf den staubigen Feldern lässt sich kaum etwas anbauen. Die Baobabfrüchte wurden deshalb schon immer gesammelt, sagt Kingman. Die Frauen verkauften das Fruchtfleisch, das sie nicht selbst brauchten, an fahrende Händler aus dem nahen Malawi. Seit der Bedarf stieg, weil die EU 2008 Baobabpulver als ›neuartiges Lebensmittel‹ zugelassen hatte, wurde die Ernte in einer von einem deutschen Forstwirt geführten Baobabfabrik in Malawi verarbeitet und exportiert. Für die lokale malawische Bevölkerung, die die Baobabfrucht vor allem als Saft konsumiert, mussten neue Quellen aufgetan werden. Und die lagen im Nachbarland Mosambik. »Wir haben damals mit den Frauen gesprochen und herausgefunden, dass sie regelrecht ausgebeutet wurden: Für einen Sack Baobabfruchtfleisch haben sie drei Meticais bekommen, also nicht einmal vier Eurocent. Manchmal gab es auch nur eine Packung Spaghetti oder einen Blechteller im Tausch.« Kingmans Firma, ›Baobab Products Mozambique‹, wird von einer Stiftung getragen und bemüht sich nach eigenen Angaben um höchste ökologische und soziale Standards. Die Gesellschaft für Internationale Zusammenarbeit (GIZ), technischer Arm des deutschen Bundesministeriums für wirtschaftliche Zusammenarbeit und Entwicklung, unterstützt den Aufbau einer Lieferkette für die Baobabfrüchte. In den kommenden Jahren sollen die Frauen ein Fünftel der Unternehmensanteile übernehmen. Die Trainings dafür hat Kingman organisiert; die meisten der Frauen hätten zuvor weder lesen noch schreiben noch rechnen können. Der Sprung von der Sammlerin zur Unternehmerin ist groß. Und aus den Baobabfrüchten, einer Gabe der Natur, die die Frauen früher ohne viele Gedanken korbweise sammelten, ist ein in Kilo und

Euro gemessener Naturrohstoff geworden. Eine Ware, und dazu noch eine, die nicht mehr nur als afrikanisches Nischenprodukt im Bioladen verkauft wird, wie es noch 2013 der Fall war.

»Baobabpulver ist zunehmend eine relevante Ware für die Nahrungs- und Getränkeindustrie geworden, das Interesse dort ist riesig«, erklärt Kingman. Im Jahr 2019 hat seine Firma das Fleisch von mehr als 1,2 Millionen Früchten verarbeitet, mehr als 500 Tonnen Pulver daraus gewonnen. Die Sammlerinnen haben für jede Frucht viermal mehr Geld bekommen, als der lokale Markt hergeben würde. Aus der Nebenbeschäftigung ist eine Arbeit geworden, die die Familie miternährt. Doch der Markt ist unbeständig. Seit Baobabfrüchte im größeren Stil gehandelt werden, ist das Angebot gestiegen, der Preis auf dem Weltmarkt gesunken. »Ich bin mit der Entwicklung des Baobab von der Bioladen- zur Supermarktware dennoch zufrieden«, sagt Kingman. »Ich habe lieber ein günstiges Produkt, das in Nahrungsmittelprodukten des Mainstreams verwendet wird und damit 10 000 Frauen Arbeit gibt, als ein Nischenprodukt, von dem trotz hohen Preisen nur ein paar hundert profitieren.« Der Markt für Baobabprodukte ist – im Vergleich zu an den Börsen gehandelten Nahrungsmitteln – noch klein. 2019 führte die amerikanische Großhandelskette Costco in ihren fast 800 Supermärkten einen Smoothie ein, der unter anderem mit Baobabpulver hergestellt wurde. »Der hat in den Foodcourts 4 Dollar 99 gekostet, und dieses Produkt hat den Baobabmarkt grundlegend verändert – die Nachfrage ist dramatisch angestiegen«, erklärt Kingman. Dann kam die Corona-Pandemie, Costco schloss seine Foodcourts. Die Smoothies waren Geschichte. Der Markt muss sich neu ausrichten.

Es gibt immer mehr Baobabprodukte. Meine erste Tafel Baobabschokolade kaufte ich in einem schwedischen Supermarkt im Sommerurlaub. Auf der Verpackung der ›Baobab Zartbitter-Schokolade‹ hatte der Hersteller vorsorglich vermerkt: »Mit der Baobabfrucht, die einen säuerlichen Nachgeschmack hinterlässt, eine erfrischende Zitrusnote«. Zwei Jahre später hatte die Baobabfrucht dann auch die Chocolatiers in der Schweiz erreicht. In einer edlen, braunen Verpackung mit grün schillerndem Baobab bietet eine Berner Schokoladenmanufaktur die »biologische Schokolade mit Baobabfruchtpulver« an, Kakaogehalt 60 Prozent, organisch und fair gehandelt. Der Fruchtpulveranteil wird mit 5 Prozent angegeben. Ich atme das Aroma der geöffneten Tafel ein und meine, einen exotischen Geruch wahrzunehmen. Riecht das Baobabpulver ein wenig wie Mango? Passionsfrucht? Limone? Zunächst schmeckt das abgebrochene Stück leicht bitter nach Kakao, erst als ich es zerbeiße, kommt der Zitrus-Geschmack zur Geltung. Ungewohnt, aber köstlich. Erfrischend. Anders der in Flaschen abgefüllte Baobabsaft, der mir in einem Restaurant in Ghanas Hauptstadt Accra serviert wurde. Bis dahin hatte ich ihn nur frisch gekannt. Dagegen hatte der angeblich 100-prozentige Baobab Juice von StarrFresh eine derart starke Maggi-Note, dass ich bei der im Glas gemischten Variante bleiben werde. Die kann ich auch zuhause anrühren, denn Baobabpulver wird inzwischen selbst in manchen Supermärkten verkauft. Meine erste Packung erstand ich noch auf dem Weihnachtsmarkt meiner Wahlheimatgemeinde Vernier im Schweizer Kanton Genf. Neben handgemachten Karamellen und Lebkuchen verkaufte eine gebürtige Ivorerin braune Päckchen mit ›Poudre de Bao-

Nackt im Wind stehen diese jungen Baobabs, die in der Trockenzeit ihr Blätterkleid verloren haben.

bab, bio – *Adansonia digitata*‹ und, in Anführungszeichen gesetzt, der Hinweis »l'arbre magique« – der magische Baum. Ein Rezept für *bouye*, den senegalesischen Baobabsaft (60 g Pulver auf einen Liter Wasser), fand gerade noch Platz auf dem Etikett, das außerdem mit Hinweisen auf die inneren Werte des leicht bräunlichen, fein wie Mehl gemahlenen Pulvers gespickt war: »Reich an Vitaminen, Fasern und Mineralien (C, B3, B2, B1, B12, B8, A, K, E, D, Kalium, Kalzium, Phosphor, Zink und Eisen), ein echtes Superfood für Ihre tägliche Ernährung. Eine sättigende Energiequelle, ein Mittel gegen Müdigkeit und zur Stärkung der Abwehrkräfte.« Seither gebe ich einen Esslöffel

Baobabpulver an mein Müsli. Ein Mittel gegen Müdigkeit kann ich morgens immer gebrauchen. Außer einer sanften Zitrusnote verströmt das Pulver immer auch einen Hauch von Afrika und Fernweh. Aber das mag nur bei mir der Fall sein, auf der Packung steht das nicht.

Pulver wie dieses stellt Andrew Kingmans Baobabfabrik her. Es ist das Endprodukt eines Zyklus, der jährlich nach dem Ende der großen Regenzeit beginnt. Im Februar nimmt Kingman Kontakt zu den Vorarbeiterinnen auf, die die Sammlungen in den Dörfern koordinieren. Dann hängen die unreifen Früchte bereits an den Bäumen, die Sammlerinnen können erste Prognosen über die Ernte abgeben, und Kingman beobachtet derweil den Markt. Auf der Grundlage seiner Einschätzung gibt er ein Ernteziel vor, es folgen Schulungen zur Verarbeitung im April. Wenn jetzt abzusehen ist, dass Verstärkung gebraucht wird, stellen die Vorarbeiterinnen neue Arbeiterinnen ein. Dann beginnt die eigentliche Sammlung. Kingman kauft keine Früchte vor Mai, weil sie bis dahin dem Baum Feuchtigkeit zurückgeben. Ist das Fruchtfleisch zu feucht, droht Schimmelbefall. Daher werden die Früchte auch auf Trockengittern gelagert, bevor sie von Hand unter kontrollierten Bedingungen aufgebrochen werden. Das beginnt im Juli und dauert drei Monate. Sobald die ersten Ladungen Fruchtfleisch die Fabrik erreichen, wird gemahlen. Eine Tonne am Tag schafft die Maschine, die nicht aus dem Senegal, sondern aus Südafrika stammt: Eine auf den Baobab abgestimmte umgebaute Mühle, die sonst für Weizen, Mais und Hirse verwendet wird. Sind alle Säcke gefüllt, wird Bilanz gezogen, je nach Umfang der Ernte im Oktober oder November. »Welche Faktoren die Ernte beeinflussen, weiß ich nicht«, erklärt Kingman. »Es gibt Leute hier in der Gegend, die sagen zutreffend voraus: Das wird eine gute Ernte. Aber woher sie das wissen, ist absolut unklar. Mit dem Wetter hat es nicht zu tun, auch nicht mit dem Baum – ein Baobab kann in diesem Jahr voller Früchte sein und im nächsten Jahr gar keine tragen.«

Kingman hat das Wachstum seiner Firma fest im Blick. Aus Südafrika hat er eine neue Kernpresse geordert. Dank ihr wird die Fabrik bald auch das Kernöl exportieren können, das zunächst zur Herstellung von Kosmetik sehr gefragt war: Es hat einen hohen Anteil an gesättigten Fettsäuren und glättet angeblich die Haut. Gleich mehrere Patente sehen die Nutzung von Baobaböl als UV-Schutz und Hautreiniger vor. Allerdings wurden im kaltgepressten Öl geringe Mengen bestimmter Fettsäuren nachgewiesen, die als gesundheitsgefährdend gelten. Ein großer Kosmetikkonzern zog sich daraufhin vom Markt zurück. Ein neues Verfahren, bei dem das Öl gefiltert wird, soll das Problem lösen. Die Nachfrage nach Baobabprodukten, da ist Kingman sicher, wird nicht zurückgehen, sondern eher wachsen. Ein weiteres Produkt, das er einführen möchte, sind Baobabkarotten: Die Pfahlwurzeln von Baby-Baobabs, die tatsächlich an weiße Möhren erinnern, sind ihm zufolge »sehr, sehr, sehr lecker und auch noch nährstoffreich«. Die Bäume könnten extra dafür in Baumschulen gezogen werden.

Der Kultivierung großer Baobabs hingegen hat bis jetzt noch niemand einen Weg aufgezeigt. Kamatou et al. kommen in ihrer Metastudie über die Baobabnutzung zu dem Schluss, dass sich »die Forschung wegen des wachsenden Interesses an Baobabprodukten und dem langsamen Wachstum des Baums vordringlich der Frage zuwenden sollte, wie eine neue Kulturvarietät mit kurzer Reifezeit gezüchtet werden kann«. Womöglich mit der Genschere konstruiert? Gensequenzen des Baobab sind bereits bekannt. Doch wo setzt man an? Und wäre der Baobab dann noch die Superfrucht für die, die sich natürlich ernähren wollen? Wohl kaum. Also müssen zumindest vorläufig die Unternehmer darauf achten, dass bei der Nutzung des Baobab die Nachhaltigkeit gewahrt bleibt. Ein Begriff, den nicht von ungefähr ein Forstmann erfand: Der Sachse Carl von Carlowitz postulierte 1713 in seiner *Sylvicultura oeconomica*, dass ein Forstwirt einem Wald nur so viel Holz entnehmen dürfe, wie er nachpflanzen kann. Zwar wird der Baobab nicht gefällt, doch angesichts der komplizierten Fortpflanzung der Bäume könnte es durchaus Folgen haben, wenn Früchte und damit die Saat der Baobabs von morgen der Natur in großer Menge entnommen werden. Das weiß auch Andrew Kingman, der das größere Problem allerdings woanders sieht: Weil die Bevölkerung in Mosambik wächst und Wald für Siedlungen und Felder abholzt, verkleinert sich der Lebensraum des Baobab dramatisch schnell. Im Hochland von Chimoio will er deshalb Schutzgebiete für die neuerdings geldwerten Exportfrüchte ausweisen und Hirten dazu bewegen, die Schösslinge vor Ziegen zu schützen. Bisher wuchs der Baobab einfach so, jetzt reicht das nicht mehr. Der Wandel des Baobab vom Vielzweckbaum zum Handelsgut hat Folgen. Wie weit sie reichen, ist ungewiss.

Mohéli mag die kleinste der drei Komoren-Inseln sein. Der Größe ihrer Baobabs aber tut das keinen Abbruch, wie das Bild von Henri Théophile Hildibrand belegt.

Wanderungen und Wegmarken

Wo der erste Baobab stand, weiß jenseits der Sagenwelt niemand genau. Womöglich auf Madagaskar, wo Botaniker sechs endemische Arten beschrieben haben, mehr als irgendwo sonst auf der Welt. Doch warum sollte es nur eine einzige Art von dort auf den afrikanischen Kontinent geschafft haben, und ausgerechnet eine, die auf Madagaskar nicht natürlich vorkommt? Und wie kam der *Boab Tree* nach Australien, auf einen Kontinent, den heute selbst auf dem kürzesten Weg gut 7000 Kilometer offener Ozean von Madagaskar trennen? Die Geschichte des Baobab, das steht fest, ist eine von Wanderungen und Wegmarken. Neben der Wanderung der Baobabs selbst spielen auch die der Menschen eine Rolle, deren Wege sich seit Jahrtausenden mit denen der Baobabs gekreuzt haben und dies bis heute tun. Da sind die Wege durch die Zeit, die den Baobab und die ihn umgebende Natur zusammengeführt haben. Und natürlich die einzelnen Individuen, die wortwörtlich zu Wegmarken geworden sind, die Wege markierten und selbst zum Ziel von Wanderungen wurden. All diese Wege zu begehen, ist eine unglaubliche Reise.

Sie beginnt vor Millionen von Jahren auf einem Kontinent namens Gondwana. Die Landmasse vereint das heutige Afrika, Australien und Madagaskar, außerdem die Antarktis, Südamerika, Arabien, Neuseeland, Neuguinea und Indien. An der Grenze von Trias und Jura, vor etwa 200 Millionen Jahren, gerät die Welt in Bewegung. Gondwana zerfällt. Spätestens im mittleren Jura, gut 160 bis 170 Millionen Jahre vor unserer Gegenwart, trennen sich Afrika und Madagaskar voneinander; gut 90 Millionen Jahre vor unserer Zeit löst sich Madagaskar auch vom indischen Subkontinent und wird zur Insel. Während Afrika sich in Richtung Europa bewegt, was schließlich zur Entstehung der Alpen führt, bleibt Australien bis zum Beginn der Erdneuzeit vor 65 Millionen Jahren mit der Antarktis und Südamerika verbunden, zu Afrika und Madagaskar aber besteht nach allem, was man weiß, keine Landverbindung mehr. Untersuchungen des Meeresbodens in der Straße von Mosambik lassen darauf schließen, dass Madagaskar seine relative Lage zum afrikanischen Kontinent seit mindestens 75 Millionen Jahren nicht verändert hat. Was immer seither vom afrikanischen Kontinent nach Madagaskar vordringen wollte (oder umgekehrt), musste das Meer überwinden und damit – an der engsten Stelle – mehr als 400 Kilometer.

Wenn der Baobab also über Land gewandert ist, dann muss das früher passiert sein. Fossile Pollen lassen erahnen, wann die ersten Blütenpflanzen den Kontinent Gondwana besiedelten. Lange Zeit gingen Paläobiologen davon aus, dass der Siegeszug der Blütenpflanzen (und damit auch der Laubbäume) in der frühen Kreidezeit vor 140 Millionen Jahren begann. Doch zuletzt fanden Forscher in Bohrkernen aus Schweizer Gestein deutlich ältere Pollen, die auf ein Alter von 250 Millionen Jahren datiert wurden. Ähnliche Funde gibt es aus der Barentssee, einer Region, die damals wie auch die Schweiz in den Subtropen lag. Die Struktur der Pollen lässt annehmen, dass die Urblüten bereits durch Insekten bestäubt wurden, vermutlich durch Käfer. Bienen gab es erst 100 Millionen Jahre später. Ob diese Käfer einen Urahn der Baobabs in die verschiedenen Winkel Gondwanas trugen, die heute als Afrika, Madagaskar und Australien voneinander getrennt sind? Das glaubte etwa der Botaniker Léon Croizat, nach dessen Theorie der Panbiogeografie die Baobabs einmal viel weiter verbreitet waren als heute. Die heutige räumliche Isolierung wäre ihm zufolge auf ein Aussterben der Spezies in allen anderen, dazwischenliegenden Räumen zurückzuführen. Belege dafür gibt es nicht. Fossile Pollen von *Adansonia* wurden bis heute nicht gefunden. Die älteste bekannte Pflanzen-DNA von Wollbaumgewächsen, zu denen die Baobabs gehören, ist gut 80 Millionen Jahre alt. Ein Verbreitungsweg der Wollbaumgewächse über Land, den Croizat von der Antarktis über das heutige Afrika und Madagaskar bis nach Australien vermutete, lässt sich damit nicht belegen. Dennoch hielten manche Botaniker daran fest, dass Landwege zwingende Voraussetzung zur Verbreitung von Pflanzen seien. Der Niederländer Cornelis van Steenis entwickelte in den 1960er-Jahren eine Theorie transozeanischer Landbrücken, die die Wanderung von Pflanzen erklären sollten. Doch direkte Wege zwischen Afrika und Australien konnte auch er nicht ausmachen.

Heute sollen genetische Untersuchungen den Weg weisen. Der Evolutionsbiologe David Baum von der Harvard-Universität kennt den Baobab wahrscheinlich so gut wie kaum ein anderer Biologe. Ganz sicher gilt das für den Blick in sein Innerstes, den er gemeinsam mit zwei Botanikern aus Iowa Ende der 1990er-Jahre vornahm. Erbgutanalysen sollen helfen, den Stammbaum des Baobab zu rekonstruieren, weil sich in den

Chromosomen der Baobabs von heute die Stammesgeschichte wiederspiegelt: Der Stammbaum kann auf diese Weise sozusagen rückwärts verfolgt werden. Das Verfahren ist allerdings kompliziert und, wie Baum selbst einräumt, fehleranfällig. Trotzdem veröffentlichte sein Team erstaunliche Ergebnisse. Demnach ist etwa der australische *Boab Tree* nicht so eng mit einigen madagassischen Baobabs verwandt wie bis dahin gedacht. Die These einer Verbreitung von *Adansonia* über Land können die genetischen Befunde mit hoher Wahrscheinlichkeit nicht stützen. Denn dafür hätte der *Boab Tree* sich schon vor mehr als 500 Millionen Jahren vom Hauptstammbaum abspalten müssen – in einer Ära also, in der noch nicht einmal primitive Urfarne wuchsen. Tatsächlich gehen die Forscher davon aus, dass der *Boab Tree* erst in Australien heimisch wurde, als der Kontinent sich schon mehr oder weniger dort befand, wo er heute ist.

Wo aber stand der erste Baobab? Alleine die Tatsache, dass auf Madagaskar sechs Arten heimisch sind, ließ viele Evolutionsbiologen für Madagaskar als Geburtsort des Baobab eintreten. Madagassische Baobabs hätten schlicht mehr Zeit gehabt, ökologische Nischen zu erobern und neue Arten herauszubilden. Und auch der Blick ins Erbgut sprach für Madagaskar: Die dortigen Baobabs haben nämlich (wie Boab Trees) einen doppelten oder diploiden Chromosomensatz mit 44 Chromosomenpaaren, während der afrikanische Baobab als einziger einen vierfachen Chromosomensatz (nach neuesten Zählungen mit viermal 42 Chromosomen) besitzt. In der Evolutionsbiologie ist das ein klarer Hinweis darauf, dass der afrikanische Baobab die jüngere Spezies ist – außer, es gäbe eine zweite, di-

Auf seiner Expedition durch Nordaustralien malte Thomas Baines die imposanten Boab Trees*, noch bevor er mit Livingstone zum Sambesi zog.*

ploide Baobab-Spezies auf dem afrikanischen Kontinent. Eben diese will ein Team um Jack D. Pettigrew vor wenigen Jahren im südlichen Afrika, genauer in Tansania, Namibia und Südafrika gefunden haben. *Adansonia kilima*, nach dem Suaheliwort für »aus den Hügeln«, soll dort in Regionen zwischen 650 und 1500 Metern wachsen und damit deutlich höher als der afrikanische Baobab, der im Regelfall ab 800 Metern über dem Meeresspiegel nicht mehr vorkommt. Äußerlich unterscheidet sich die neue Spezies kaum von ihrem nächsten Verwandten. Die Blütenstiele sind wohl kürzer; die Blütenblätter etwas kleiner, außerdem stehen die Staubblätter hervor. Am deutlichsten aber ist der Unterschied im Erbgut festzumachen: *Adansonia kilima* hat einen diploiden Chromosomensatz von zweimal 42 Chromosomen. Daher wäre es denkbar, dass alle anderen

Baobabs von *Adansonia kilima* oder einem gemeinsamen Vorfahren abstammen, der zunächst auf dem afrikanischen Kontinent wuchs. Eindeutig entschieden ist damit aber noch nichts. Der Urahn aller Baobabs wuchs also vermutlich im Eozän vor 36 bis 58 Millionen Jahren in Afrika oder auf Madagaskar, von wo aus sich die Gattung bis nach Australien verbreitete – wegen der bis dahin vollzogenen Kontinentaldrift notwendigerweise über das Meer.

Die Frage, ob sich Samen unbeeinträchtigt über die Meere ausbreiten können, ist nicht trivial. Selbst Charles Darwin fragte sich, wie unbewohnte Inseln dicht bewachsen sein konnten, selbst wenn sie so isoliert waren, dass der Wind als Träger von Samen ausfallen musste. »Ich habe damit begonnen, einige Versuche über die Keimungsfähigkeit von Pflanzen anzustellen, die längere Zeit in Seewasser verbracht haben«, wandte er sich im April 1855 in einem Brief an die *Gardeners' Chronicle and Agricultural Gazette* und fragte: »Wäre einer Ihrer Leser in der Lage, mir mitzuteilen, ob solche Experimente schon einmal durchgeführt worden sind?« Seine eigenen Erkenntnisse seien doch »zu unbedeutend, um sie zu erwähnen.« Vor allem aber hatte Darwin bei seinen Versuchen im Labor ein entscheidendes Detail übersehen, auf das ihn ein alter Freund, der Botaniker Joseph Dalton Hooker hinwies: Auch wenn etwa Spargelsamen nach 86 Tagen im Meerwasser noch keimten, so löse das doch nicht das Problem, dass diese schlicht nicht schwömmen. Auch Darwins These, nach der Fische die Samen fressen und dann – über den Umweg der Mägen und Därme fischfressender Vögel – auf entlegenen Inseln ausgeschieden würden, ließ sich nicht belegen: Zu Darwins Entsetzen spien Fische die verfütterten Samen angeekelt wieder aus. Ganz falsch lag Darwin dennoch nicht. An den Stränden der Welt finden sich heute Samen von rund jeder tausendsten Blütenpflanze, also 250 der 250 000 bekannten Arten, schreibt der italienische Pflanzenkundler Stefano Mancuso. Der Baobab ist eine davon: Dass seine Früchte und Samen selbst weite Strecken zurücklegen können, zeigen Funde an Stränden in Südafrika, auf Aldabra mitten im Indischen Ozean und sogar in Florida, wobei der Ausgangsort der Früchte unklar blieb. Womöglich stammten sie aus einem botanischen Garten in der Karibik. Es ist also durchaus möglich, dass die Samen, aus denen im Laufe der Evolution der Baobab wurde, von Madagaskar über den Indischen Ozean nach Australien getrieben sind.

Doch vielleicht war auch alles ganz anders. Wenn man mit dem Auto von Kenias Hauptstadt Nairobi eine gute Stunde in Richtung Norden fährt, gelangt man an den Rand des Großen Afrikanischen Grabenbruchs. Der Blick von einem der stets überfüllten Parkplätze neben der Autostraße ist immer wieder aufs Neue atemberaubend: Das Plateau endet abrupt und es geht steil Hunderte Meter in die Tiefe. Am Fuß des Grabens bricht Afrika seit 35 Millionen Jahren auseinander, mit einer Geschwindigkeit von sechs bis sieben Millimeter pro Jahr. In einigen Millionen Jahren wird Ostafrika ein eigener Kontinent sein, mit einer neuen Küste von Mosambik im Süden bis zum Horn von Afrika im Norden. Die Narben dieser sich ankündenden Abspaltung sind die Vulkane und Seen, die sich durch den Graben ziehen. Über viele hundert Kilometer ist die Landschaft unwirtlich, und doch liegt hier die Wiege der Menschheit, nicht weit von den heißen, stinkenden Schwaden entfernt, die aus den heißen Quellen am Fuß des Silali-Vulkans aufsteigen. Das Wasser des nahen Baringosees schillert mal rot, mal lila, mal gelblich. Die Landschaft wirkt in ihren blassen Farben seltsam unwirklich, die Stille in der Dämmerung tönt laut. Von der Insel in der Mitte des Sees blickt man auf die Tugenberge, in denen vor mehr als 6 Millionen Jahren die ersten Vorfahren des heutigen Menschen gelebt haben sollen. Ein Team um die französische Paläontologin Brigitte Senut fand die Überreste von mindestens fünf der *Orrorin tugenensis* getauften Vormenschen in einem prähistorischen Lavastrom, der die Gruppe damals in ihrem Lager überrascht haben muss. Senuts Team fand außer den Knochen, die bereits auf einen aufrechten Gang der Hominiden von der Größe eines Schimpansen hinweisen, auch Überreste von Flora und Fauna.

Wo genau in unserem Stammbaum der *Orrorin tugenensis* einzuordnen ist, ist umstritten. Als ältester Vorfahr des Menschen konkurriert er etwa mit dem *Australopithecus afarensis*, dessen bis zu 3,9 Millionen Jahre alte Überreste (darunter die der berühmten »Lucy«) weiter nördlich im äthiopischen Teil des Grabenbruchs gefunden wurden. Beide, *Orrorin tugenensis* und *Australopithecus afarensis*, lebten in den lichten Wäldern, die den Grabenbruch zu ihrer Zeit bedeckten. Als Vegetarier ernährten sie sich von Blättern und Früchten, die Büsche und Bäume bereitstellten. Gut möglich, dass diese Vorfahren schon Schutz im Schatten der Baobabs suchten oder deren Früchte sammelten. Zu diesem Zeitpunkt hatte sich, so schätzt das Team um David Baum, der afrikanische Affenbrotbaum *Adansonia digitata* bereits als Spezies herausgebildet. Seine kugelförmigen Blüten hingen womöglich schon an den bis zu 90 cm langen Stielen. Baum geht aufgrund seiner Untersuchungen davon aus, dass sein Vorfahr noch eine langgezogene, zylindrische Blüte besaß, wie sie heute vier madagassische Baobabs sowie der australische *Boab Tree* besitzen. Wie sie, so wurde nach Baums Vermutung auch der Urbaobab von Schwärmern bestäubt, überwiegend nachtaktiven Faltern, an die diese Spezies besonders angepasst sind. Mit ihren langen Saugrüsseln sind Schwärmer in der Lage, Nektar auch aus den längsten Blütenröhren zu saugen und die Blüte dabei zu bestäuben. Ihre nächtliche Reise zu den Blüten der Baobabs war und ist essenziell für den Fortbestand dieser fünf Baobabarten. Die restlichen drei, der afrikanische sowie zwei weitere madagassische Baobabs, bildeten im Verlauf ihrer Evolution ovale Blüten an kurzen, abstehenden Stielen aus. Fledermäusen und nachtaktiven Lemuren erleichtert das die Bestäubung. Die Blüte des afrikanischen Baobabs entwickelte sich im Lauf der Evolution zu ihrer heutigen hängenden Form, die Fledermäuse begünstigt. Auch ›Bushbabys‹, kleine, den madagassischen Lemuren ähnliche Feuchtnasenaffen, gelten als Bestäuber. Alle Baobabs eint, dass sie für die Bestäubung auf einige wenige Tierarten angewiesen sind. Die natürliche Ausbreitung und Vermehrung des Baobab hängt somit eng mit den Lebensräumen der Bestäuber zusammen. Die erfolgreiche Wanderung der Baobabs setzt also immer eine zweite Wanderung, die eines Bestäubers, voraus, falls es nicht schon einen passenden gibt.

Dass es in Ostafrika vor gut drei Millionen Jahren, parallel zur einsetzenden Eiszeit in Europa, trockener wurde und Savannen die Wälder ersetzten, könnte Baobabs als Nahrungslieferanten für die Vorfahren des Menschen noch bedeutender gemacht haben. Seine ersten Wanderungen führten ihn schon vor 1,75 Millionen Jahren nordwärts bis nach Asien und Europa. Vor 150 000 Jahren eroberte dann *Homo sapiens* den afrikanischen Kontinent und andere Teile der Welt. In seinen Lederbeuteln und Korbtaschen trug er – absichtlich oder unwissentlich – Baobabfrüchte und mit ihnen Samen aus der Heimat. So könnten die Baobabs sich mithilfe der ersten Menschen über den Kontinent verbreitet haben, vom Großen Grabenbruch im Osten bis zu den Küsten von Mittelmeer oder Atlantik.

Weil der Baobab keine Kulturpflanze wie Hirse oder Reis ist, lässt sich seine Verbreitung durch den Menschen nur indirekt rekonstruieren. Australische Forscher analysierten aus diesem Grund das Verbreitungsgebiet der Boab Trees in den Kimberleys und nahmen die potenziellen Verbreitungswege unter die Lupe. Nach ihren Analysen wuchs der australische Baobab noch vor 20 000 Jahren auf einer weiten Ebene unterhalb des australischen Kontinentalschelfs, die nach der letzten Eiszeit überflutet wurde. Auf der Flucht vor dem steigenden Meeresspiegel nahmen Aborigenes die Früchte mit in die neue Heimat. Dort wurden die Boab Trees weit verbreitet, wofür nicht zuletzt die geringe genetische Vielfalt der verschiedenen Boab Trees spricht. Die Tierwelt der Kimberleys, vor allem Felskängurus, wandern kaum, sodass der Mensch als mit Abstand wichtigster Verbreiter der Boab Trees infrage kommt. Gestützt wird diese These durch linguistische Analysen: Menschen verbreiteten nicht nur die Samen, sondern auch die Namen des neuen Baums entlang bestimmter Pfade.

In Afrika gilt: Jedes Dorf hat seinen Baobab. Unter dem *arbre à palabres* trifft sich das Dorf, um Gericht zu halten oder wichtige Entscheidungen zu treffen. Im autobiografisch gefärbten Roman *Die Nacht des Baobab* erinnert sich Ken Buguls Protagonistin an ihr Dorf im Senegal und den eigentümlich lebendigen Baobab, der mit den Menschen gemeinsam lebte:

> *Seit Urzeiten lag ihr Dorf im schützenden Schatten des Baobab, des Affenbrotbaumes (…) Wenn man jemandem den Weg zum Haus zeigte, wies man auf den riesigen Baobab. Woran dachte die Mutter unter dem Baobab? War sie traurig? Und der Baobab, woran dachte er? Das fragte man sich. Denn manchmal fing er an zu lachen, und manchmal weinte er und manchmal kam es auch vor, dass er einschlief und träumte.*

Wer hat hier wen, fragt man sich unwillkürlich: Das Dorf einen Baobab oder der Baobab ein Dorf? Dieser Frage hat sich der Biogeograf Chris Duvall im Südwesten Malis angenommen. Dort kartierte er auf einer Fläche, die ungefähr der Hannovers entspricht, 1240 Baobabs und 91 Siedlungen und setzte sie miteinander in Beziehung. Die Erkenntnis, die Duvall daraus zog, war verblüffend: Nicht der traditionell von Feld zu Feld wandernde Mensch verbreite den Baobab, sondern der Baobab mache sich den Menschen schlicht zunutze. Weil die Dorfbevölkerung die Früchte morgens zu Brei verarbeitete und die gekochten (und damit keimfähigen) Kerne an Ort und Stelle in die Landschaft warf, wuchs die Zahl der Orte, an denen der Baum wachsen konnte. Der Mensch pflanzte den Baobab also zumindest in dieser Region nicht absichtlich, begünstigte aber überall dort, wo er auf seinen Wanderungen Halt machte, die Ausbreitung des Baobab. Evolutionär kommt das beinahe aufs Gleiche heraus.

Auch in Salaga im Nordosten Ghanas waren Baobabs wichtige Landmarken – Louis-Gustave Binger sah sie auf seiner Reise von Niger an den Golf von Guinea.

Und es gibt viele Belege dafür, dass Menschen sich dort niederließen, wo ein Baobab wuchs. So wurde die Stadt Bornu im Norden des heutigen Nigeria bei ihrer Gründung 1814 auf den Namen ›Kúka‹ getauft, was in Haussa und Kanuri ›Baobab‹ bedeutet. Scheich Muhammad Al-Amin Al-Kanemi hatte als Hauptstadt seines Volks einen Ort ausgewählt, an dem ein junger Baobab stand. Als die Stadt später im Krieg zerstört wurde, ließ sein Sohn weiter östlich eine neue Hauptstadt bauen, die er ›Kúkawa‹ nannte, ›das mit Baobabs gefüllte Dorf‹. In anderen Gegenden hatte der Baobab im Dorfkern ganz praktische Gründe: So berichtet der deutsche Afrikaforscher Gustav Nachtigal von Siedlungen im Sudan, die keine Brunnen hatten und ihr Wasser deshalb allein aus alten, hohlen Baobabs schöpften. So wurde der Baobab entlang der Wege des Menschen ein ganz und gar afrikanisches Wunder. Er ist der Baum, von dem schon zu Zeiten, als Landwirtschaft in Afrika noch unbekannt war, jedes kleinste Teilchen genutzt wurde, vom Blatt bis zum Kern, von der Borke bis zur Hülse seiner Frucht. Auch deshalb ist der Baobab zweifelsfrei der afrikanischste aller Bäume, und er ist mehr als das. In ihm vereinen sich Geschichte und Traditionen, Spiritualität und Überlebensdrang, Einfallsreichtum und Naturverbundenheit des ganzen Kontinents und seiner Bewohner. Wer den Baobab versteht, der hat viel über Afrika gelernt. In gewisser Weise kann man sagen: Der Baobab ist ganz Afrika in einem Baum.

Der kenianische Schriftsteller Binyavanga Wainaina hat den Spruch geprägt: »Afrika ist kein Land«. Und tatsächlich unterscheidet sich der Senegal im fernen Westen des Kontinents von Kenia ganz im Osten wie Dänemark von Bulgarien. Doch Baobabs sind ein panafrikanisches Phänomen, eines von wenigen: Sie wachsen in 31 der 55 afrikanischen Staaten, in der Savanne und an Küsten, in Bergen und Senken. Flöge man mit einem Leichtflugzeug über den afrikanischen Kontinent, dann könnte man vom mauretanischen Nouakchott im äußersten Nordwesten bis weit in den Süden Mosambiks, von den Nubabergen im Sudan bis zum Etoshasee in Nord-Namibia die hölzernen Riesen erkennen. Nur im Kongobecken, wo womöglich das Klima zu feucht und die Konkurrenz anderer Bäume zu groß ist, sowie im zentralen Tschad wachsen keine Baobabs. Im Letzteren, so vermuten Biologen, könnte es die Folge der letzten großen Flut im Tschadbecken vor mehr als 10 000 Jahren sein, die Zehntausende Quadratkilometer überspülte und den Baobabs den Garaus machte. In nahezu unerforschten Gegenden wie der Zentralafrikanischen Republik hingegen wagt niemand zu sagen, ob es nicht doch Baobabs gibt, die bisher unbemerkt vor sich hin träumen. In zugänglicheren Gegenden schließlich markieren Baobabs immer wieder Wege, Karawanenrouten oder Pfade. In so unterschiedlichen Ländern wie dem Sudan und Mosambik sind Baobabs auf den amtlichen Landkarten als Wegmarken verzeichnet.

Europäische Forschungsreisende, die sich im 18. und 19. Jahrhundert Afrika zuwandten, erkannten schnell die außerordentliche Bedeutung des Baums. Afrika, so schrieb etwa 1881 der tschechische Naturforscher Emil Holub, ist dort, wo die Baobabs sind. Auf seiner siebenjährigen Reise durch das südliche Afrika durchquerte er die Salzpfannen von Tsitane im heutigen Sambia, bis er endlich auf einen Fluss stieß.

> *Hier bekam ich den ersten Baobab zu Gesicht; ein feines Exemplar, gut siebeneinhalb Meter hoch und mit einem Umfang von mehr als 15 Metern. Weiter landeinwärts kamen wir zu einem See, den die Eingeborenen Karrikarri nennen; hier wuchsen die Baobabs in Massen.*

Bei Holubs Versuch, die Quelle des Sambesi zu finden, kenterte das Boot, auf dem er die gesammelten Exponate seiner siebenjährigen Expedition verwahrte. Zurück blieben – außer großer Enttäuschung – nur seine Aufzeichnungen und die Erinnerung an die imposanten Baobabs. Und eine Erkenntnis: So geradlinig die Routen der Expeditionen von Holub und anderen euro-

Der Baum, an den David Livingstone sein Herz zweimal verlor, steht heute nicht mehr. Seine Begleiter hatten den Todestag in die Rinde eingeschnitzt: 4. Mai 1873.

päischen ›Entdeckern‹ auf den Karten der Geschichtsatlanten auch scheinen, in Wirklichkeit waren ihre Wege verschlungen.

Als Entdeckungsreisende, die neue Kenntnisse über den noch weitgehend unbekannten Kontinent in ihre Heimatländer zurückbrachten, gelten heute Europäer wie Holub, Livingstone oder Nachtigal. Doch ihr Ruhm fußt meist auf dem Wissen einheimischer Führer und Begleiter, die es an die Forscher aus dem fernen Norden weitergaben und danach von der Welt vergessen wurden. Eine Ausnahme sind vielleicht James Chuma und Abdullah David Susi, zwei noch als Kinder aus der Sklaverei befreite Afrikaner, die die letzte Reise des schottischen Missionars David Livingstone in die Region des Tanganjikasee organisierten. Nach Livingstones Tod begruben sie sein Herz am Fuß eines Baobab, an dessen Stelle im sambischen Nationalpark Kasanka heute das Livingstone-Memorial steht. Unter Lebensgefahr gelang es Chuma und Susi, Livingstones Leichnam (eingewickelt in eine Baumrinde) bis nach Sansibar zu bringen, wo der Sarg mit seinen sterblichen Überresten nach England verschifft wurde. Chuma und Susi wurden später zu einem Treffen der Royal Geographical Society nach London eingeladen und für ihre Mission gefeiert. Dabei wurde klar, dass der Baum, unter dem sie Livingstones Herz begraben hatten, nicht zufällig ausgewählt worden war. Wie Holub war auch Livingstone voller Bewunderung für die Baobabs. Nicht weit von den Victoriafällen entfernt fesselte ihn »ein großer, kräftiger Baobab, dessen Äste jeder für sich ein eigener Stamm hätten sein können«, wie er in seinem Tagebuch notierte. Dass seine Wanderungen für immer unter einem solchen Riesen enden würden, konnte er da noch nicht wissen.

Insel der Riesen

Die ›Avenue des Baobabs‹, eine Allee aus hochgewachsenen Baobabs im Südwesten Madagaskars, sprengt alle menschlichen Dimensionen. Wenn in der Nacht über ihnen Millionen Himmelskörper funkeln, dann scheinen sich die Bäume zu bewegen, es ist, als tanzten die knorrigen Äste mit den Sternen. Das glitzernde Himmelszelt mäandriert zwischen den Riesen hindurch wie ein Fluss, bis gegen halb sechs Uhr morgens die Dämmerung beginnt und aus den Reisfeldern der Umgebung dichter Nebel aufsteigt. Mit jedem neuen Sonnenstrahl erwärmt sich die Luft, schält sich einer der rund einhundert ausgewachsenen Riesen nach dem anderen aus der wabernden Masse heraus. Dann meint man, die gut 30 Meter hohen, kerzengerade emporgewachsenen Bäume, deren Äste erst auf den letzten Metern fast waagerecht abstehen, seien nur irrtümlich in unserem Lilliput gestrandet. Zu vorgerückter Stunde fahren Kleinbusse mit Touristen vor, die mit ihren Handykameras die staubige Piste bevölkern – bis erneut die Nacht hereinbricht und die Magie zurückkehrt.

Die märchenhaften Baobabs gehören zu Madagaskar wie die tanzenden Lemuren und schillernden Chamäleons. Die viertgrößte Insel der Welt gleicht biologisch eher einem Kontinent oder einer Arche. Mehr als 90 Millionen Jahre lang waren Flora und Fauna weitgehend sich selbst überlassen, ohne jeglichen Einfluss von außen. Entsprechend kommen acht von zehn auf der Insel wachsende Pflanzenarten nur auf Madagaskar vor. Das gilt auch für die sechs heimischen Baobab-Spezies. Sie alle wachsen nur im trockenen Westen des Gebirgszugs, der die 1600 Kilometer lange und fast 600 Kilometer breite Insel in zwei Klimazonen teilt. Der riesige, glatte *Adansonia grandidieri*, der die Avenue säumt, gedeiht im Südwesten der Insel. Dort ist es heiß und schwül, die Böden sind sandig oder aus Kalkstein. Nicht ganz so hoch, aber ähnlich zylindrisch ist *Adansonia suarezensis*, eine Art, die nur im äußersten Norden Madagaskars nahe der früher Diego Suárez genannten Stadt Antsiranana wächst. Ihr Standort, die sichelförmige Bucht im Schatten des Naturreservats Montagne des Français, gehörte angeblich einst zur Piratenrepublik Libertalia, jenes basisdemokratisch verfasste Utopia, wo es weder Unterdrückung noch Rassismus gegeben haben soll. Dass Seeräuber aus allen Himmelsrichtungen vor drei Jahrhunderten ihren Traum tatsächlich im Schatten der Suarez-Baobabs verwirklichten, ist allerdings unbewiesen.

Adansonia rubrostipa ragt fast an der gesamten Westküste auf, zwischen Soalala im Norden und Itampolo im Süden. In den trockenen Dornenwäldern, den *forêts épineux*, stehen besonders bizarre Exemplare, deren bauchige Stämme oft dicker sind als hoch. Im Baobabwald von Kirindy wachsen sie gemeinsam mit *Adansonia za*, der Baobabart, die auf Madagaskar weiter verbreitet ist als irgendeine andere. Sie teilt wiederum einige Habitate mit *Adansonia madagascariensis*, der im Nordwesten austreibt. Der afrikanische Baobab hingegen steht nur dort, wo Menschen ihn eingeschleppt haben. Der berühmteste von ihnen wächst in der Stadt Mahajanga, wo ihn vor fast 1000

Die Avenue des Baobabs ist Madagaskars bodenständiges Gegenstück zur Pariser Avenue des Champs-Élysées: Eine Allee gesäumt von prächtigen Baobabs, die zum Promenieren durch gesegnetes Gefilde einlädt.

Jahren arabische Seefahrer gepflanzt haben sollen. Mit angeblich 21 Metern Umfang ist er auf jeden Fall der dickste, wenn auch nicht der älteste Vertreter seiner Art auf Madagaskar. Und schließlich gibt es *Adansonia perrieri*.

Er ist der seltenste aller Baobabs, sein Bestand wird auf gerade einmal 250 geschätzt. Kaum jemand hat ihn je zu Gesicht bekommen. Der französische Botaniker René Capuron entdeckte ihn erst in den 1950er-Jahren auf dem Ankarana-Plateau im Nordwesten der Insel. Doch weil die Blüten des Baums bereits abgefallen waren, war er sich nicht sicher, ob er wirklich eine neue Art gefunden hatte. Erst zur Blütezeit im Oktober 1958 fand er nicht weit vom ersten Fundort entfernt die zur Bestimmung nötigen Blüten – und jubelte: Er hatte die achte Baobab-Spezies gefunden. Capuron benannte sie nach dem französischen Botaniker Henri Perrier de la Bâthie, der seinerseits zwei madagassische Baobabarten beschrieben hatte. Gerald E. Wickens listet in seinem mehr als 500 Seiten starken Kompendium über den Baobab gerade einmal fünf Stellen auf, an denen *Adansonia perrieri* wächst. Der Brite Thomas Pakenham, der für seine Baobabfotos durch halb Afrika gereist ist und zahllose Bildbände damit bestückt hat, bedauert, den Baum nie gefunden zu haben. Das stärkt meine Entschlossenheit, den seltensten aller Baobabs aufzuspüren. Die Beschreibungen der Orte, an denen er wachsen soll, sind vage. Ein Dutzend Exemplare sollen am Rivière des Makis im Montagne d'Ambre wachsen, dem Bernsteingebirge vulkanischen Ursprungs im äußersten Norden Madagaskars. Mitten im dichten Regenwald, auf 650 Metern Höhe, sollen sich diese Bäume angesiedelt haben, auf Böden aus Basalt – und das, obwohl der Nationalpark in den regenreichsten Regionen Madagaskars liegt. *Adansonia perrieri* scheint überhaupt viel besser mit großen Wassermengen umgehen zu können als seine Artgenossen. Dafür spricht, dass weitere Populationen am Ufer des Sambirano gesichtet wurden, eines in der Regenzeit reißenden Flusses, der das Montagne d'Ambre entwässert.

Für meine Jagd auf den Baobab habe ich mir ein anderes ›Revier‹ ausgesucht: Das Ankarana-Plateau mit seiner zerklüfteten Karstlandschaft, die die Madagassen ›Tsingy‹ nennen. Aus dessen Erdoberfläche ragen zwischen 30 Zentimeter und mehrere Meter hohe Kalksteinzinnen, die an Wellen eines aufgebrachten Meers erinnern. Ihre Kämme können rasiermesserscharf sein. Gleich am ersten Tag reiße ich mir die Hose, beide Knie und die linke Hand auf, als ich an einer Stelle unglücklich stolpere. Über das Karstmeer weht ein steter Wind, mal vom Mosambik-Kanal, mal vom offenen Indischen Ozean her. Je näher der Winter rückt, desto stärker werden die Böen, doch selbst im Sommer liegt ein unablässiges Pfeifen und Wispern über den Tsingy. Regen und Wind formen den Kalk zu einem sich ständig wandelnden Ozean aus Stein, waschen Höhlen aus dem Karst, Täler und Canyons, aber auch kleinste Risse und Kerben, die der absonderlichsten Flora als Heimstatt ausreichen. Der *Adenia* etwa, einer strahlend weißen, wurzelartigen Ranke, die sich aus den Tiefen des Karsts an die Oberfläche schlängelt und dort die enorme Länge von bis zu 100 Metern erreicht. Wie der Baobab speichert auch sie das Wasser in ihrem Pflanzenkörper. Kurz nach der Regenzeit ist sie prall gefüllt, während der Trockenzeit wird sie immer dünner. Das Volk der hier lebenden Antakarana weiß, dass sich das Wasser aus der Adenia abzapfen lässt, das denjenigen rettet, der sich in den Tsingy verirrt. Das geschieht immer wieder. Die Tsingy sind unwegsam, und ein starker Regenfall oder ein Sturm reichen aus, um seit Jahren bekannte Orientierungsmarken ganz fortzuwaschen oder zu verändern.

In dieser unwirtlichen Gegend vermute ich *Adansonia perrieri*. Mein Führer Olivier, der im Norden geboren ist und das Ankarana-Plateau seit mehr als zehn Jahren durchstreift, hat den Baum selbst noch nie gesehen, zumindest glaubt er das. Tatsächlich sind *Adansonia perrieri* und die auf dem Plateau überwiegend verbreitete Art, *Adansonia madagascariensis*, äußerlich kaum zu unterscheiden. Ihre langen, vergleichsweise dünnen, astlosen Stämme wachsen pfeilgerade über das sie umgebende Blätterdach hinaus, erst dort oben breiten sich ihre dicken Äste fast waagerecht in alle Himmelsrichtungen aus wie die Fangarme eines Oktopus. Erst eine genauere Untersuchung der Blüten und der Früchte ermöglicht die Unterscheidung. Olivier hat Erkundigungen eingezogen, mit befreundeten Führern gesprochen. Er ist optimistisch, als wir unseren Landrover abstellen und zu Fuß in den dichten Regenwald eindringen, der rund um die Tsingy wächst.

Sofort wird es dunkel. Das dichte Blätterdach verschluckt das meiste Sonnenlicht. Vor uns kriecht eine gut drei Meter lange Hakennasennatter über den dunkelrostbraunen Boden. Aus ihm drängen zahllose Bäume nach oben, dem Licht entgegen, das ihnen das Überleben ermöglicht. An den Stämmen schlängeln sich dicht an dicht Rankpflanzen, dünne, kalkweiße Würger, die am Boden mehrere Loopings drehen, bevor sie ihr Opfer gefunden haben und sich an ihm in die Höhe ziehen. Dabei erwürgt die Ranke ihren Wirt nach und nach, ist sie ganz oben angekommen, wird er nur noch wenige Jahre zu leben haben. Dazwischen wachsen dicke, holzige Luftwurzeln, die so sehr Schlangen ähneln, dass die Antakarana sie Boas nennen. Mehr als eine davon muss Olivier mit seinem Messer durchschneiden, um uns den Weg zu bahnen. Wir steigen einen steilen Abhang hinunter. Die Luftfeuchtigkeit im dichten Gehölz ist so hoch, dass uns der Schweiß schon ohne Anstrengung in Strömen den Körper herabläuft. Unten angekommen, hat sich der Wald etwas gelichtet. Der Boden ist heller, sandiger. Überall liegen Brocken von Kalkstein, Mergel und Basalt. Hier kommen wir besser voran. Und schließlich ragen sie direkt vor uns in die Höhe: eine ganze Gruppe Baobabs, deren kerzengerade, silbern schimmernde Stämme im Stein verwurzelt zu sein scheinen. Um an einen von ihnen heranzukommen, müssen wir über die Tsingy balancieren, mit den knorrigen Adenia-Pflanzen als einzigem Halt.

Ein letzter Sprung, und ich stehe vor dem Baobab. Sein Stamm ist sicher 25 Meter hoch, genau ist das aus so unmittelbarer Nähe schlecht auszumachen. Und in der immer noch dichten Vegetation ist der Baobab in seiner Gänze von hier unten aus nur schemenhaft zu sehen. Dort, wo der restliche Wald seine maximale Höhe erreicht hat, streckt der mächtige Baum seine Arme aus. Im Moment sind sie blattlos, einige wenige Früchte hängen an den Ästen. Mit dem Fernglas lässt sich erkennen, dass sie dick, prall und fast kugelrund sind. Einige kleinere verjüngen sich herzförmig, aber ihre Grundform ist dennoch rund wie eine Weihnachtskugel. Im Sonnenlicht leuchten ihre pelzigen Oberflächen rot wie ein Granatapfel.

Olivier und ich suchen den steinigen Boden ab, finden schließlich eine einzige, bereits vertrocknete Blüte und damit den traurigen Beweis. Der Baum, den wir vor uns haben, ist nicht der gesuchte, sondern ein *Adansonia madagascariensis*.

Die Unterscheidung der Baobabarten ist immer schwer, weil sich selbst Exemplare gleicher Art je nach Standortbedingungen unterscheiden. Außerdem überschneiden sich manche Verbreitungsgebiete. Um *Adansonia perrieri*, den Baum, den ich zu finden entschlossen bin, auszumachen, rät Capuron, auf die aus der Blüte hervorstehenden Staubblätter zu achten, die bei *Adansonia perrieri* fünf bis sechs Mal kürzer sind als die Blütenröhre. Bei *Adansonia madagascariensis* ist die Röhre dagegen viel kürzer, die Früchte sind kugel-, fast eiförmig, während die von *Adansonia perrieri* länglich und dichter behaart sind. Zur Blütezeit leuchtet der eine Baobab rot, der von mir gesuchte hingegen gelb. Doch um sie zu sehen, hätte ich zu einem anderen Zeitpunkt kommen müssen. Also setzen wir unsere Suche noch am selben Tag fort. Olivier hat von einem weiteren Standort gehört, der tiefer im Wald am Ufer eines der Wadis liegt, die sich in der Regenzeit binnen weniger Stunden mit Wasser füllen. Wenn dann die Wassermassen über das Kalkgestein der Tsingys rasen und alles mitreißen, was sich nicht rechtzeitig in Sicherheit gebracht hat, steht der seltenste Baobab der Welt sicher in der Brandung und fängt die Wucht mit seiner langen, dünnen Gestalt ab wie ein Schilfrohr. Er bietet den tosenden Fluten kaum Angriffsfläche.

An die schwüle Hitze habe ich mich inzwischen gewöhnt. Nasser kann das Hemd nicht werden. Vertrocknetes Laub, das den Boden dicht bedeckt, raschelt, während wir uns durch das

»Flaschenbaum«: Selten war ein Spitzname so verdient wie bei diesem prächtigen Exemplar von Adansonia rubrostipa, *den die kanadische Fotografin Elaine Ling auf Madagaskar ablichtete.*

leuchtend grüne Dickicht schlagen. Olivier sucht immer wieder nach Wegmarken, die sein Freund ihm vor unserem Aufbruch telefonisch durchgegeben hat. Eine andere Form von Navigation gibt es hier nicht. Das dichte Blätterdach verhindert den Kontakt zu einem Satelliten. Irgendwann, nach gefühlt etlichen Stunden, halten wir vor einem Baum, den Olivier aufmerksam untersucht. Er schaut hoch zum vom Blätterdach verborgenen Himmel und nickt schließlich: Das muss er sein. Der Baum ist mächtig, so hoch wie kein anderer Baobab, den ich bisher hier gesehen habe. Seine Wurzeln, kräftiger als mein Oberschenkel, verkrallen sich zwischen von Moos und Flechten bewachsenen Findlingen. Wenige Schritte entfernt senkt sich die Landschaft in ein trockenes Flussbett Doch ist es wirklich der richtige Baum? Früchte finden wir keine, als wir den von Blättern bedeckten Boden absuchen. Doch schließlich ziehe ich eine vertrocknete Blüte aus einem Haufen Laub. Sie sieht anders aus als die, die wir vorher gefunden haben. Ich rufe Olivier und zücke mein Handy, um die Aufnahmen mit der neuen Blüte zu vergleichen. Tatsächlich sieht die vertrocknete Blütenröhre viel länger aus, die frei liegenden Staubblätter wirken kürzer. Olivier schaut skeptisch, grinst und klopft mir auf die Schulter. Ich lehne mich gegen den glatten Stamm und lausche dem Rauschen der Zweige 30 Meter über mir. Irgendwo dort oben keckert ein mir unbekannter Vogel. Ich atme tief durch, ungeahnte Freude durchströmt mich. Wir haben unser Ziel erreicht.

Durch die Wipfel der Baobabs, unter denen Olivier und ich an diesem Tag das Dickicht durchdringen, tollten vor 500 Jahren noch Tiere, die mit ihren 1, 50 Meter Körpergröße und bis zu 80 Kilo Gewicht an den Menschen heranreichten. Skelettfunde aus den Höhlen, die das Karstgebirge durchziehen und von denen mehr als 114 Kilometer kartiert sind, zeigen, dass der ›Koalalemur‹ genannte Riese unter den Lemuren sein Körpergewicht nur mit dem Fressen von Laub und Früchten hielt. Um das zu schaffen, durchwanderten die Familien riesige Areale, in denen sie en passant die verdauten Kerne des Baobab verteilten. Die Koalalemuren waren nicht die einzigen Tiere, deren Größe die der heutigen Fauna bei Weitem überstieg. Madagaskar war eine Insel der Riesen, bis der Mensch vor geschätzt 2000 Jahren von Indonesien aus an Land ging. Die flugunfähigen Elefantenvögel waren vom gewaltigen Schnabel bis zur spitzen Kralle drei Meter hoch, die gehörnten Madagaskar-Krokodile fünf, madagassische Riesenschildkröten immerhin 1,25 Meter lang. Biologen vermuten, dass die Schildkröten auf die gleiche Weise wie der Koalalemur an der Verbreitung der Baobabs beteiligt waren. Nachweisen lässt sich das nicht mehr, denn alle genannten Arten sind heute ausgestorben. Ob die Menschen sie ausrotteten, ihre Habitate zerstörten oder ein Großfeuer oder Klimaveränderungen zumindest mitverantwortlich sind, ist umstritten. Dass alle sechs endemischen Baobabs auf der Roten Liste stehen, hängt aber wohl mit der Auslöschung von Madagaskars Riesenfauna zusammen.

Dass das Aussterben so weniger Arten drastische Folgen für die gesamte madagassische Natur haben könnte, liegt an der hohen Spezialisierung vieler einheimischer Pflanzen und Tiere. Die extreme Isolation der Insel hat dafür gesorgt, dass im Lauf der Evolution wenige Gattungen zahlreiche Nischen besetzten. Das könnte erklären, warum es auf Madagaskar sechs endemische Baobabarten gibt, während der ganze afrikanische

Kontinent (vermutlich) nur mit einer auskommt. Bei anderen Arten ist es ähnlich: Manche der über 30 Arten von Tenreks, Kleinsäugern, ähneln Igeln, andere Spitzmäusen, wieder andere Ottern. Noch größer ist der Variantenreichtum bei den Lemuren, von denen über 100 lebende Arten identifiziert worden sind. Manche, wie der Gabelstreifenmaki, sind klein wie Eichhörnchen und nachtaktiv; wenn sie im Dunkeln von den Blüten der Baobabs naschen, sorgen sie ganz nebenbei für die Bestäubung. Ihr Verschwinden würde die Fortpflanzung des Baobab erschweren. Und Lemuren sind nicht die einzigen Arten, die auf Madagaskar und in Afrika bedroht sind. Der Mensch, seine Felder und Städte rücken unaufhaltsam in die letzten Wälder vor. Ob der Baobab das Anthropozän überleben wird, ist bestenfalls ungewiss.

Vom Winde verweht

Über jeden einzelnen Baobab ließe sich eine lange Biografie schreiben. Während vor knapp 2400 Jahren ein Elefant am Rand der Kalahari mit seinem Dung einen Baobabsamen ausschied, nahmen die Kelten Mitteleuropas gerade Handel mit den Etruskern auf, Siddharta Gautama begründete mit dem Buddhismus unwissentlich eine Weltreligion und der Kult um das Orakel von Delphi in Griechenland erreichte seinen Höhepunkt. Im zentralafrikanischen Tschadbecken herrschten die Sao in ihren mit Steinmauern bewehrten Städten, während dort, wo um das Jahr 450 vor unserer Zeitrechnung herum ein kleiner Baobab zu keimen begann, Einwanderer aus dem Osten Afrikas das Eisen und die Viehhaltung nach Süden brachten. Der Panke genannte Baobab, dessen Alter von Biologen zu Beginn unseres Jahrhunderts auf 2450 Jahre (plusminus 40 Jahre) bestimmt wurde, überstand den Aufstieg und Fall des Reiches Simbabwe die Verschleppung ganzer Generationen von Sklaven, den Einmarsch europäischer Missionare und Gewaltherrscher. Er wurde Zeuge der vom Kolonialismus verursachten Unterdrückung und des damit einhergehenden Leids, des blutigen Befreiungskampfs der Simbabwer und schließlich ihrer Freiheit in Autonomie. Während Panke lebte, wurden rund 100 Menschengenerationen geboren und starben wieder. Dann kam er an die Reihe. Im Jahr 2010 brachen zunächst seine Äste, dann die zu einem Umfang von 25 Metern zusammengewachsenen einzelnen Stämme auseinander und kollabierten, einer nach dem anderen. Kaum ein Jahr später war der bis dahin älteste Laubbaum der Welt spurlos verschwunden.

Das sagenhafte Alter der Baobabs gehört zu den Mythen, denen lange nicht wissenschaftlich auf den Grund gegangen werden konnte, weil sein weiches, faseriges Holz kaum lesbare Jahresringe zeigt. Nicht einmal ein linearer Zusammenhang zwischen Alter und Größe ist herzustellen, zu schwer wiegen die lokalen Faktoren. Charles Darwin, der auf den Kapverden einen Baobab sah, schrieb im Januar 1832 in sein Tagebuch: »In einem Tal nahe des Dorfes steht ein außergewöhnlicher Baum, ein Baobab. Man sagt, dass er mehr als eintausend Jahre alt ist, aber auf welcher Grundlage man das festgestellt hat, entzieht sich meiner Kenntnis.« Alexander von Humboldt, der nie einen Baobab zu Gesicht bekam, war sich sicher, dass manche Baobabs schon den Pyramidenbau vor fast 4500 Jahren erlebt hätten: »Unter den organischen Kreaturen … ist der Adansonia oder Baobab aus dem Senegal einer der ältesten Bewohner des Planeten«, schrieb er 1852. Vom Alter der Baobabs zeugt nicht zuletzt das kulturelle Gedächtnis. Die San hinterließen schon vor Tausenden von Jahren Felszeichnungen von Baobabs. Dörfer sind nach Baobabs benannt, so wie das bereits genannte Idi-Ose, Dorf des Baobab, oder Landstriche wie die Sibuyu-Senke nach dem Wort für Baobab aus der Sprache der Shona. Baobabs kommen in Dutzenden Volksliedern und -sagen vor; sie sind ein beliebtes Motiv für Bilder und Zeichnungen, eingelegt als Intarsie auf Schatullen, gedruckt auf Kangas oder gestickt auf Kikois, den ostafrikanischen Wickeltüchern. Es gibt sie als Skulpturen aus Hartholz oder getrockneten Bananenblättern;

Dieser Gigant unter den Baobabs beeindruckte den afrikaerfahrenen David Livingstone so sehr, dass sein Begleiter Thomas Baines ihn samt Livingstone als Maßstab auf die Leinwand bannte.

die Briefmarken und Geldscheine, auf denen Baobabs abgebildet sind, lassen sich nicht zählen. Eine der berühmtesten und besten Bands des Kontinents, das ›Orchestra Baobab‹, gab sich vor mehr als 50 Jahren seinen Namen nach einem sagenumwobenen Club namens Baobab in der Medina von Senegals Hauptstadt Dakar. Längst ist der Baobab auch fester Bestandteil der Popkultur. Im Vorfeld der Olympischen Spiele 2012 stellte etwa ein Londoner Künstlerkollektiv neben der Waterloo Bridge einen 14 Meter hohen Baobab aus Stoffen aus der ganzen Welt auf, als ›Symbol des Zusammentreffens der Kulturen‹, wie die ›Pirate Technics‹ genannte Gruppe erklärte.

Menschen treffen seit jeher unter Baobabs zusammen. Auch das erklärt, warum so viele von ihnen Namen tragen, ›Panke‹ ist da keine Ausnahme. Manchmal ist die Bedeutung des Namens offensichtlich wie die des ›Grootboom‹, andere Bäume sind nach berühmten Persönlichkeiten benannt wie ›King Nashilongo's Baobab‹ in Tsandi, Namibia. Dann wieder steht eine Eigenschaft Pate: ›Muri kunguluwa‹ ist ›der brüllende Baum‹, weil der Wind eindrucksvoll durch ihn hindurch röhrt. ›Les Amoureux‹, die Liebenden, sind zwei innig ineinander verschlungene Baobabs auf Madagaskar, nicht weit von Morondava und der ›Avenue des Baobabs‹ entfernt. Und der ›Olifantslurpboom‹ ist nach dem Elefantenrüssel benannt, dem ein Ast stark ähnelt. Manche Baobabs wurden zu Ikonen gemacht wie der besonders stattliche ›Duiwelskloof‹, den der Sage nach der Teufel entzweischlug. Später wurde der Baum zur Bar, was ihm den Spitznamen ›Pub Tree‹ einbrachte. Botaniker haben inzwischen herausgefunden, warum besonders große Baobabs fast immer hohl sind: Nicht, weil sie verrotten, wie man lange annahm, sondern weil der Baobab als einziger Baum in der Lage ist, nicht nur Äste, sondern ganze Stämme nachwachsen zu lassen. Genetische Tests bewiesen, dass selbst fünf oder mehr Stämme zum gleichen Baum gehören. Wenn sie über Jahrhunderte ringförmig zusammenwachsen, bleibt auf der Innenseite ein Hohlraum, der traditionell als Wasserspeicher oder Getreidesilo benutzt wird. Doch das ist noch nicht alles. Im Caprivistreifen ließ ein lokaler Gouverneur im Zweiten Weltkrieg einen Baobab zum stillen Örtchen samt Wasserklosett ausbauen. Im ›Wyndham Prison Tree‹ in West-Australien sperrte die Polizei zu Beginn des vergangenen Jahrhunderts noch bis zu 18 Männer gleichzeitig ein, meist Aborigines. Und nahe der tansanischen Hafenstadt Tanga verschanzten sich deutsche Scharfschützen während des Ersten Weltkriegs in hohlen Baobabs, um von dort aus britische Soldaten anzugreifen. Angeblich dringt selbst panzerbrechende Munition nicht tief in Baobabstämme ein.

Der Baum mit dem langen Leben führt uns wohl nicht nur im Krieg und anderen Krisen vor Augen, wie kurz unsere eigenen Leben sind. Und so ist der Baobab auch im Tod von Bedeutung. Die Vha Venda in der südafrikanischen Limpopo-Provinz verehren einen Baobab, in dessen Mitte sie eine heilige Trommel vermuten, mit der die Verbindung zu den Verstorbenen im Jenseits gehalten wird. Die Asante verbargen in den Baobabs die Überreste ihrer Könige, damit diese nicht dem Feind in die Hände fallen konnten. Im Senegal dienten sie sogenannten Griots als Grabstätte, die als wandernde Geschichtenerzähler keinem Stamm angehörten und deshalb mit ihren sterblichen Überresten weder Boden noch Wasser ›verunreinigen‹ sollten. Die Dogon in Mali schließlich setzten Leprakranke in Baobabs bei, versiegelten die Höhlung und hofften so, der Ausbreitung der Krankheit Einhalt zu gebieten. Im Senegal gibt es einen geflügelten Satz, der den Tod eines Menschen beschreibt, der ein gutes und langes Leben geführt hat: »Ein Baobab ist gefallen.« Und die Baobabs fallen tatsächlich.

Der Tod eines Baobab war lange Zeit so geheimnisumwittert wie seine Entstehung. An einem Tag war der hölzerne Riese noch da, an einem anderen war er verschwunden – so erzählte mir ein Nigerianer einmal und zeigte auf einen Fleck, an dem wirklich nichts mehr zu sehen war. Andere, die dabei waren,

Jacob Hendrik Pierneef malte diese drei Baobabs 1920 in der südafrikanischen Limpopo-Provinz, im Hintergrund erhebt sich der Soutpansberg.

Dass die hier lebenden Vha Venda die Bäume als heilig verehren, erscheint angesichts einer solchen Szenerie nur logisch.

als ein Baobab starb, berichten, dass der massige Baum binnen Stunden zusammenfallen und sich auflösen kann. Zurück bleibt allenfalls ein Loch in der Erde, in dem die noch feuchte, stinkende Pfahlwurzel vergeht. Und auch dieses ist schon bald mit Erde bedeckt, die der gleiche Wind heranbläst, der die Späne des jahrtausendealten Riesen über die Erde verteilt. Für den Baobab gelten übermenschliche Maßstäbe, und für keine Messgröße gilt das so sehr wie für die Zeit. Seinen Reproduktionszyklus, der den Vertreter einer neuen Generation hervorbringt, schätzen Botaniker auf rund 150 Jahre, eine Zeitspanne, die durch menschliche Beobachtung nur generationenübergreifend überprüft werden kann. Wer ein Alter von tausend Jahren und mehr erreicht, braucht nicht öfter Nachwuchs, um die Art zu erhalten. Doch das gilt nur, solange die Natur unversehrt ist. Und das ist nicht der Fall. Die berühmte ›Avenue des Baobabs‹ droht durch das Vordringen der Reisfelder und die immer nässeren Böden einzugehen. Erst kürzlich starb ein besonders berühmter Baobab in der nahen Umgebung, sein Name lautete Jacqueline. Vor geschätzten 900 Jahren soll er an der Stelle gewachsen sein, an der eine wunderschöne Schiffbrüchige gleichen Namens beigesetzt worden war. Der zweite Tod von Jacqueline bewegte die ganze Region. Auch auf dem afrikanischen Kontinent sterben immer mehr Baumriesen. Es sind zu viele, um für sie jeweils ein Begräbnis abzuhalten, wie sie der burkinische Autor Seydu Dramé bei Thomas Pakenham beschreibt:

In Kassakongo erzählt der Dorfvorsteher vom Leben des Baobab, als sei er ein alter Mann, der gerade gestorben sei. An seiner Seite preisen Geschichtenerzähler den Baobab und bitten um seinen

Schutz. Spezielle Rhythmen, die normalerweise dem Dorfvorsteher vorbehalten sind, werden auf den Trommeln geschlagen.

Der ›hölzerne Elefant‹, wie Dramé ihn nennt, sei eines Tages kahl geblieben und nicht mehr gewachsen. Das habe den Dorfbewohnern genügt, um ein würdiges Begräbnis vorzubereiten.

Ein Team um den rumänischen Chemiker Adrian Patrut hat zwischen 2005 und 2017 Holzproben aus mehr als 60 besonders großen, alten Baobabs entnommen und sie mithilfe von Massenbeschleunigungsspektrometrie und Radiokarbonmessung datiert. Während sie bei vielen Baobabs ein teils erstaunlich hohes Alter nachwiesen (auch ›Panke‹ gehörte zu den untersuchten Baobabs), wohnten sie in Echtzeit einem wahren Massensterben bei. Von den 13 ältesten Baobabs starben in den 12 Jahren der Untersuchung neun, von den sechs größten Baobabs fünf. Über die Gründe konnte das Team nur Vermutungen anstellen. Mit einer weitgehend unerforschten Baobabkrankheit, die zuletzt zahlreiche Bäume im südlichen Afrika befiel, sollen sie nicht infiziert gewesen sein. Patrut und seine Kolleginnen vermuten den Klimawandel als Hauptursache. Sollte das stimmen, könnten noch weit mehr Baobabs den Großen und Alten folgen. Und vielleicht ist die Lage sogar schon viel schlimmer. Denn das gleiche Forscherteam untersuchte auch den ›Grootboom‹ genannten Baobab, der 2004 nach geschätzten 1250 Jahren auf namibischer Erde zusammenbrach. Bei Messungen stellte sich heraus, dass der Baum bereits vor 500 bis 600 Jahren aufgehört hatte, zu wachsen. Womöglich handelte es sich beim ›Grootboom‹ seit Jahrhunderten um einen lebenden Toten – noch nicht kollabiert, aber schon nicht mehr wirklich lebendig. Dann würde das Massensterben der Baobabs nicht erst bevorstehen, es hätte längst begonnen. Nur dürften wir kurzlebigen Menschen noch einige Generationen brauchen, um endgültig sicher zu sein.

Außer besserem Schutz für den Baobab und das Weltklima bleibt nur die Hoffnung auf ewiges Leben. »Man hat uns totgesagt«, sagte der jüngst verstorbene Frontmann des ›Orchestra Baobab‹, Balla Sidibé, vor einigen Jahren über seine Band. »Aber ein Baobab stirbt niemals. Selbst wenn er verdorrt zu sein scheint, sprießt er irgendwann erneut und wird wiedergeboren.«

Portraits

Die Gattung der Affenbrotbäume (*Adansonia*) wurde 1753 von Carl von Linné erstmals beschrieben. Taxonominnen und Taxonomen, die die Systematik im Pflanzen- und Tierreich untersuchen, zählen sie inzwischen zur Familie der Malvengewächse (*Malvaceae*) und dort zur Unterfamilie der Wollbaumgewächse (*Bombacoideae*), zu der mehr als 250 tropische Bäume gehören. Die Gattung *Adansonia* ist wiederum in drei Sektionen unterteilt: die Adansonia, zu denen nur der afrikanische Baobab zählt, sowie – unterschieden nach der Art der Keimung – die Brevitubae (*A. grandidieri* und *A. suarezensis*) und die Longitubae. Alle acht Spezies sind Laubbäume mit gewaltigen Stämmen und kompakten Baumkronen mit dicken Hauptästen. Innerhalb derselben Spezies kann das Erscheinungsbild der einzelnen Individuen stark abweichen.

Ihr Holz ist fasrig und weich und lagert Wasser ein, was die Form des Stamms verändern kann. Die zwittrigen, überwiegend radiärsymmetrischen Blüten stehen einzeln, selten zu zweit in achselständigen Blütenständen; nur bei *A. digitata* hängen sie herab. Die Staubfäden stehen aus einer teils langen Blütenröhre hervor. Die Kelchblätter rollen sich zur Blütezeit weit zurück. Ihre Blätter werfen Baobabs in der Trockenzeit ab.

Sechs Baobab-Spezies sind auf Madagaskar endemisch, eine im Nordwesten Australiens und eine weitere auf dem afrikanischen Kontinent.

Afrikanischer Baobab (Affenbrotbaum)

Adansonia digitata

Baobab tree

Baobab africain

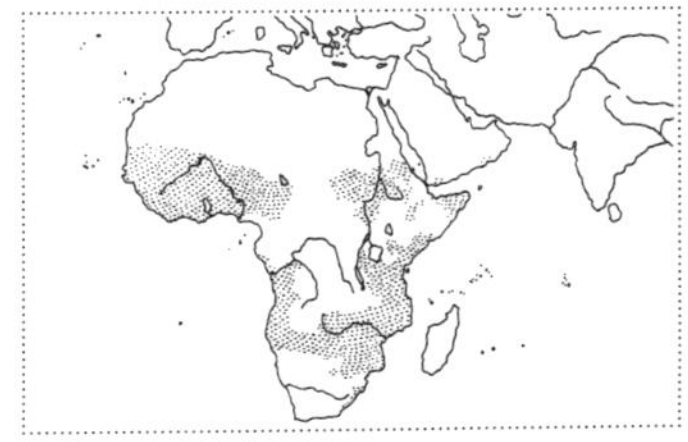

Der Baobab sei so groß, dass er »mehr einem Wald als einem Baum ähnele«, schrieb der französische Naturforscher Michel Adanson 1757 in seiner Naturgeschichte Senegals (Linné benannte die Familie der *Adansonia* nach ihm). Tatsächlich machen Größe und Proportionen den meist einzeln stehenden Baum unübersehbar. Der massige Stamm – oft sind es mehrere – mit seiner glatten Rinde kann mehr als 20 Meter in die Höhe ragen, am auffälligsten aber ist sein oft noch größerer Umfang. Die bis zu 20 Meter langen Äste wachsen teils waagerecht, teils steil in die Höhe. Die nur zur Regenzeit belaubten Äste ähneln nackt eher einem Wurzelwerk als einer Baumkrone.

Die weichen Blätter sind länglich mit fünf bis sieben Fingern (daher der Name *digitata*). Die weißen Blüten hängen am Ende eines dünnen, 15 bis 90 cm langen Stiels. In ihnen sitzen mehr als 1 000 Staubblätter, deren Pollen u. a. von Fledermäusen und kleinen Säugern verteilt werden. Die ebenfalls hängenden Früchte sind von einem holzigen Gehäuse umgeben, das mit braunen oder grünlichen, samtenen Härchen bedeckt ist. Manche sind rund, andere eiförmig oder zylindrisch, manche klein wie ein Ei, andere groß wie eine Melone.

Adansonia digitata ist der einzige Baobab auf dem afrikanischen Kontinent und dort weit verbreitet. Er kommt in über dreißig Ländern südlich der Sahara vor und Baobabs können mehr als 2 000 Jahre alt werden.

Baobab
Adansonia grandidieri

Grandidier's Baobab
Baobab de Grandidier

Die wohl berühmtesten Exemplare von *Adansonia grandidieri* säumen die ›Avenue des Baobabs‹ in Morondava an Madagaskars Westküste. Wenn sich im sanften Morgenlicht die bis zu 30 Meter hohen Riesen mit ihren bis zu sechs Metern Umfang im Dunst abzeichnen, wirken sie wie Besucher aus einer anderen Welt. ›Renala‹ nennen die Madagassen diese Baobabs, übersetzt heißt das ›Mutter des Waldes‹. Der zylindrische, kahle Stamm mit seiner rostbraunen Rinde geht an seinem oberen Ende fast rechtwinklig in die flache, breite Krone über, was zu der bizarren Form der Art beiträgt, die vom französischen Botaniker Henri Baillon erstmals beschrieben wurde.

Die fünf- bis siebenfingrigen Blätter fallen in der Trockenzeit ab. Dann beginnen bald die Blüten weiß zu blühen, die langen Staubblätter erinnern in ihrer Form an Sonnenstrahlen. Die großen, ovalen Früchte schließlich reifen gegen Jahresende heran. Ihre Kerne sind reich an Öl, während das säuerliche, an Vitamin C reiche Fruchtfleisch roh gegessen oder als Saft zubereitet wird.

Der spektakuläre Anblick der Baobabs von Morondava darf nicht darüber hinwegtäuschen, dass die Art stark bedroht ist. Grund ist die Rodung von Wäldern, an deren statt vor allem Reisfelder angelegt worden sind.

Baobab
Adansonia madagascariensis

Baobab

Baobab

Ein Schiffsarzt auf dem Weg nach Réunion, Alphonse Bernier, sammelte Anfang des 19. Jahrhunderts bei einem Zwischenstopp in Madagaskar wohl als erster Europäer Früchte von *Adansonia madagascariensis* ein. Als Henri Baillon den Baum 1874 als ersten madagassischen Baobab beschrieb, benannte er die Spezies nach Bernier. Doch der Name *Adansonia bernieri* hatte keinen Bestand. Die Blüte leuchtet dunkelrot, selten auch gelblich, die langen Staubblätter stechen gelb heraus, der noch längere Griffel ist pink. Die Blütezeit liegt zwischen Februar und April, was eine Kreuzung mit an gleichen Orten wachsenden, aber versetzt von November bis Februar blühenden *Adansonia za* verhindert.

Der sowohl in den trockenen wie auch den feuchten Wäldern im Nordosten Madagskars heimische *Adansonia madagascariensis* kann bis zu 20 Meter hoch werden. Wie bei allen Baobabs gibt es aber auch bei dieser Spezies – je nach Standort – gedrungene Individuen, die in der Form deutlich abweichen. Der lange, blassgraue Stamm ist bis zu fünf Meter dick und kahl bis zum Wipfel. Die Krone ist unregelmäßig geformt und misst nur wenige Meter im Durchmesser. Die Frucht ist eher klein, ähnlich groß wie ein Tennisball, und oftmals ebenso rund.

Baobab von Perrieri
Adansonia perrieri

Perrier's Baobab

Baobab de Perrier

Der seltenste Baobab ist auch der, der als Letzter entdeckt wurde: Erst 1958 fand der Botaniker René Capuron auf dem Ankarana-Plateau die Blüten, die *Adansonia perrieri* als eigene Spezies bestätigten. Bis dahin hatte man ihn für *Adansonia madagascariensis* gehalten, dem er äußerst ähnlich sieht.

Adansonia perrieri blüht mit den ersten Blättern blassgelb, in der Mitte der Blüte ragen gelbe Staubblätter und der rote Griffel hervor. Die auffällig lange Blütenröhre ist mindestens achtmal länger als die freistehenden Staubfäden. Die Blätter haben bis zu elf behaarte Finger, die ähnlich wie ein Kastanienblatt elliptisch geformt sind. Der Stamm kann bis zu 30 Meter in die Höhe wachsen, ab etwa zwei Dritteln beginnt die unregelmäßig geformte Krone. Der mit einer weichen, blassgrauen Rinde bedeckte Stamm kann bis zu drei Meter dick werden.

Dass *Adansonia perrieri* so spät beschrieben wurde, liegt auch daran, dass er nur in wenigen Insellagen wächst. Die kaum ein Dutzend kartierten Standorte liegen gleichermaßen im Regenwald und in trockenen Wäldern, weit voneinander entfernt, im Norden Madagaskars. Auf der Roten Liste wird die Art als kritisch bedroht geführt, die Zahl der Individuen schätzte die Weltnaturschutzunion (IUCN) bei ihrer letzten Erhebung Ende 2018 auf unter 250.

Baobab
Adansonia rubrostipa

Baobab

Baobab

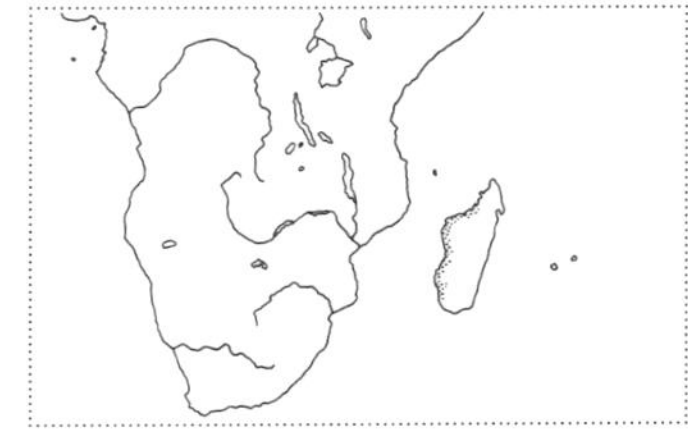

Der kleinste der madagassischen Baobabs kann immer noch 20 Meter hoch werden. Sein Stamm ist öfter als der seiner Verwandten flaschenförmig; sein An- und Abschwellen mit der Menge Wasser, die der Baum in seinem Holz speichert, lässt sich besonders gut beobachten. Manche Exemplare sind fast so rund wie die Früchte, die ab Oktober reifen. Die Krone ist buschig und unregelmäßig geformt. Zweifelsfrei lässt sich *Adansonia rubrostipa*, den die Madagassen ›Fony‹ nennen, an seinen Blättern identifizieren: Mit ihren drei bis fünf gefiederten Fingern sehen sie dem Hanf ähnlicher als den Blättern anderer Baobabs. Die langgezogenen Blüten strahlen zwischen November und April in einer wahren Farbenexplosion: Die Blütenblätter sind orange-gelb, die langen Staubblätter leuchtend gelb, der Griffel pink.

Im Südwesten Madagaskars, wo diese Baobabs in den trockenen Dornenwäldern, den *forêts épineux*, wachsen, ernten die Menschen die Baobabfrüchte, aus deren Fruchtfleisch Saft gepresst wird. Ein einzelner Baum kann in guten Jahren bis zu 200 Kilo Früchte liefern, die dann auf Märkten wie denen der Stadt Toliara verkauft werden. Die ›Fony‹ wachsen auch jenseits der extremen Bedingungen der Dornenwälder in den flachen Regionen der Westküste Madagaskars bis zu 300 Meter über dem Meeresspiegel.

Baobab
Adansonia suarezensis

Suarez Baobab
Baobab de Suarez

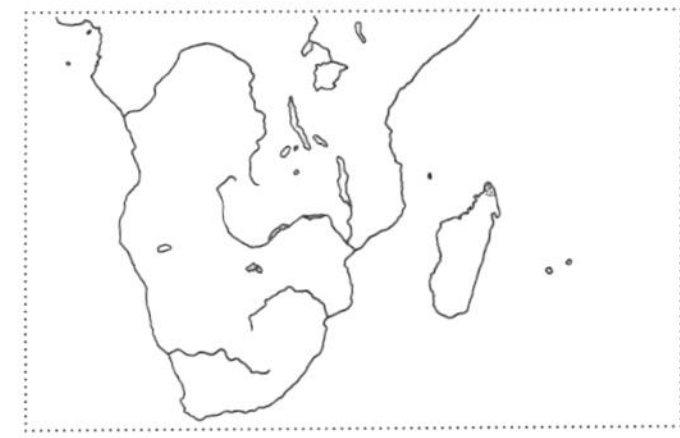

Das Vorkommen von *Adansonia suarezensis* ist auf einzelne, voneinander getrennte Regionen rund um die Stadt Antsiranana, die in Kolonialzeiten Diego Suárez hieß, beschränkt. Vor allem in Trockenwäldern etwa an den Hängen des Hausbergs Montagne des Français, aber auch an der Küste stehen diese bis zu 25 Meter hohen und zwei Meter durchmessenden Bäume. Weitere Vorkommen wurden im gebirgigen Landesinneren Madagaskars auf dem Mahory-Plateau identifiziert.

Ihr zylindrischer, von einer mal grauen, mal rötlich-braunen Rinde bedeckter Stamm teilt sich am oberen Ende in zwei oder mehr dicke Hauptäste, die waagerecht vom Stamm weg wachsen. Ihre Blütenblätter sind ebenso wie die Staubblätter und der Griffel weiß. Die Blätter sind länglich gefingert; bis zu neun schmale, mehr als 10 Zentimeter lange Blätter laufen sternförmig auseinander. Die Frucht von *Adansonia suarezensis* ist größer als die aller anderen Baobabs: Sie kann bis zu 40 Zentimeter lang und ein Kilo schwer werden. Auch die Samen sind doppelt so groß wie die anderer Baobabs.

Die wenigen, räumlich stark fragmentierten Lebensräume dieses Baobab sind von Landwirtschaft und Weidewirtschaft bedroht. Das Gleiche gilt für den Fortbestand von *Adansonia suarezensis*.

Baobab
Adansonia za

Baobab

Baobab za / Baobab anadzahé

Von allen Baobabs ähnelt *Adansonia za* mit seiner annähernd rund geformten Krone am ehesten europäischen Laubbäumen – wäre da nicht die Flaschenform des bis zu 30 Meter hohen Stamms. Sein Durchmesser kann bis zu drei Meter betragen, bedeckt ist er mit weicher, grauer Rinde. Die länglich-elliptische Form der fünf- bis achtfach gefingerten Blätter erinnert an in die Länge gezogene Lindenblätter. Wenn sie sprießen, öffnen sich auch die Blüten; die Blütenblätter sind gelb, ebenso wie die Staubblätter, in deren Mitte sich der rote Griffel erstreckt. Form und Größe der Früchte von *Adansonia za* variieren stark. Sie alle enden in einem verdickten, holzigen Stiel, sind gräulich-schwarz und oft nur wenig behaart.

Kein anderer Baobab ist auf Madagaskar so weit verbreitet: *Adansonia za* kommt im Süden und entlang der gesamten Westküste bis auf eine Höhe von 800 Metern vor. Er wächst ebenso gut in trockenen Gebieten wie den Dornenwäldern und Savannen, aber auch im feucht-warmen Klima der Regenwälder. Henri Perrier de la Bâthie unterschied zwei Varianten, *Adansonia za var. boinensis* und *Adansonia za var. bozy*, die sich an Früchten und Blättern unterscheiden lassen. *Adansonia za var. bozy* wächst nur in einer kleinen Population im äußersten Nordwesten des Verbreitungsgebietes, im Flusstal des Sambirano.

Australischer Baobab
Adansonia gregorii

Baobab tree
Baobab australien

Der Australische Baobab ähnelt mit seinem massigen, geschwollenen Stamm und den seitlich weit ausladenden Ästen am ehesten seinem Verwandten auf dem afrikanischen Festland, *Adansonia digitata*, ist aber mit sechs bis zehn Metern Höhe deutlich kleiner als dieser. Die Blätter sind handförmig in fünf bis neun schmale, spitz zulaufende Finger aufgeteilt, die leicht behaart sein können; die Blüten, die mit den Blättern kommend ab November blühen, sind komplett weiß. Die runden bis ovalen Früchte sind mit kurzen, samtenen grünen oder braunen Haaren bedeckt.

Adansonia gregorii wächst auf dem Kimberley-Plateau und entlang des Victoria-Flusses im Nordwesten des Kontinents. Oft säumen die Bäume saisonale Flussbetten oder Überflutungsflächen. Erst dem aus Rostock stammenden Botaniker Ferdinand von Müller fiel 1857 die Ähnlichkeit des Baums zu den Baobabs Afrikas und Madagaskars auf. Zuvor war er fälschlich einer anderen Gattung zugeordnet worden.

Australier nennen den australischen Baobab auch ›dead rat tree‹, Baum der toten Ratten, weil die an den Ästen hängenden Früchte aus der Ferne tatsächlich einen solchen Eindruck erzeugen können. Die Früchte werden trotzdem gerne gegessen. Bei Versuchen, den Baum als Kulturpflanze zu ziehen, fanden Landwirte heraus, dass die Knolle kaum vier Monate alter Bäume ebenso essbar ist wie Blätter und Wurzeln.

Literaturverzeichnis

Ibn Battuta: *Reisen ans Ende der Welt. 1325–1353,* Wiesbaden 2016.

David Baum, Randall L. Small, Jonathan F. Wendel: »Biogeography and floral evolution of Baobabs (*Adansonia, Bombaceae*) as inferred from multiple data sets«, in: *Systematic Biology* 47(2) (1998), S. 181–207.

John Brock: *Native Plants of Northern Australia,* New Holland 2001.

Ken Bugul: *Die Nacht des Baobab,* Zürich 2003.

René Capuron: »Contributions à l'étude de la flore forestière de Madagascar«, in: *Notulae systematicae* 16 (1960), S. 66–71.

Léon Croizat: »La distribution des Bombacacées, mise au point biogéographique«, in: *Adansonia,* sér. 2, 4 (3) (1964), S. 427–455.

Charles Darwin: »Does seawater kill seeds?«, in: *Gardeners' Chronicle and Agricultural Gazette,* 15 (1855), S. 242.

Chris S. Duvall: »Human settlement and baobab distribution in south-western Mali«, in: *Journal of Biogeography* 34 (11) (2013), S. 1947–1961.

Steven M. Goodman, William L. Jungers: *Extinct Madagascar. Picturing the Island's Past,* Chicago 2014.

William Hiern: *Catalogue of the African Plants collected by Dr. Friedrich Welwitsch in 1853–1861,* Part I., London 1896.

Nurul Islam-Faridi, Hamidou F. Sakhanokho, C. Dana Nelson: »New chromosome number and cyto-molecular characterization of the African Baobab (*Adansonia digitata L.*)«, in: *Nature Scientific Reports* 10 (2020), 13174.

Guy Paulin Poungoue Kamatou et al.: »An updated review of Adansonia digitata: A commercially important African tree«, in: *Animal Behaviour and South African Journal of Botany* 77 (2011), S. 908–919.

Pascal Maitre: *Baobab. Der Zauberbaum,* Baden bei Wien 2017.

Hans Dieter Neuwinger: ***Afrikanische Arzneipflanzen und Jagdgifte,*** Darmstadt 1994.

Thomas Pakenham: ***Magische Bäume in Afrika,*** München 2018.

Adrian Patrut et al.: »Radiocarbon dating of a very large African baobab«, in: *Tree Physiology* 27 (2007), S. 1569–1574.

Adrian Patrut et al.: »The demise of the largest and oldest African baobabs«, in: *Nature Plants* 4 (2018), S. 423–426.

Andry Petignat, Louise Jasper: ***Baobabs of the World,*** Kapstadt 2012.

Jack D. Pettigrew et al.: »Morphology, ploidy and molecular phylogenetics reveal a new diploid species from Africa in the baobab genus Adansonia«, in: Taxon 61 (6) (2012), S. 1240–1250.

Haripriya Rangan et al.: »New genetic and linguistic analyses show ancient human influence on Baobab evolution and distribution in Australia«, in: PloS ONE (10) (4) (2015), e0119758.

Juvet Razanameharizaka et al.: »Seed storage behaviour and seed germination in African and Malagasy baobabs (*Adansonia* species)«, in: *Seed Science Research* 16 (2001), S. 83–88.

David Signer: »Der Gigant unter den Bäumen«, in: *Neue Zürcher Zeitung,* 16. 11. 2018, S. 50–52.

Jakob Spieth: ***Die Religion der Eweer in Süd-Togo,*** Göttingen 1910.

Anta Tal-Dia et al.: »Une solution de pain de singe pour la prévention et le traitement de la déshydratation aiguë due aux diarrhées infantiles«, in: *Dakar médical* 42(1) (1997), S. 68–73.

Florence Thinard: ***Das Herbarium der Entdecker,*** Bern 2013.

Clive Walker: ***Baobab Trails,*** Johannesburg 2013.

Gerald E. Wickens: ***The Baobabs: Pachycauls of Africa, Madagascar and Australia,*** New York 2008.

John James Willaman, Hui-Lin Li: ***Alkaloid-bearing plants and their contained alkaloids,*** Cincinnati 1970.

Abbildungsverzeichnis

Seite 57 *Guanabanus Scaligeri forte Clusio. Guanabani medulla & femina. Fructus Higuero apud Clusium.* M. de Lobel: Plantarum seu stirpium icones, 1581, Vol. 2, S. 185.

Seite 60 *Baobab.* P. Alpino, J. Vesling: plantis Aegypti liber, editio altera emendatior, 1640.

Seite 63 *Baobab.* E. Denisse: Flore d'Amérique, 1843–1846.

Seite 70 *Tafel 2791.* Curtis's botanical magazine, Vol. 55, 1828.

Seite 75 *Adansonia digitata.* Amanda Almira Newton, 1924. U.S. Department of Agriculture Pomological Watercolor Collection. Rare and Special Collections, National Agricultural Library, Beltsville, MD 20705.

Seite 80 *Der Baobab in der Trockenzeit.* A. J. Kerner von Marilaun, A. Hansen: Pflanzenleben, 1887–1891, Bd. 1.

Seite 84 *Baobab, à Mohéli,* Henri Théophile Hildibrand: Le tour du monde 1864.

Seite 89 *Australien baobab.* Thomas Baines, 1860.

Seite 96 *Salaga.* Niger au Golfe de Guinée par le pays de Kong et le Mossi, par le capitaine Binger (1887–1889), Vol. 2, Paris, 1892. From The New York Public Library.

Seite 99 *Tree in central Africa where David Livingstone's heart is buried, showing the inscription bearing his name.* Kopie einer Originalaufnahme von P. Weatherley. Credit: Wellcome Collection. Attribution 4.0 International (CC BY 4.0).

Seite 103 *Madagascar.* Foto: Theme Inn via Unsplash.

Seite 109 *Baobab # 21.* Elaine Ling, Madagascar, 2010. © Elaine Ling.

Seiten 115 *Baobab near the bank of the Lue,* Thomas Baines (1820–1875). © RBG KEW.

Seiten 120/121 *Baobabs with Soutpansberg in the distance,* Jacob Hendrik Pierneef, 1920.

Seiten 139–147 Illustrationen von Falk Nordmann, Berlin 2021.

Marc Engelhardt, geboren 1971 in Köln, hat Geografie, Biologie, Jura und Philosophie studiert. Der freie Auslandskorrespondent berichtet seit 2004 u. a. für den Deutschlandfunk, die ARD und epd aus mehr als 30 afrikanischen Ländern, zunächst von Nairobi aus, inzwischen aus Genf. Er ist Autor und Herausgeber zahlreicher Bücher, u. a. zusammen mit dem Korrespondentennetzwerk Weltreporter.

NATURKUNDEN № 70
Erste Auflage Berlin 2021

NATURKUNDEN
herausgegeben von Judith Schalansky
erscheinen bei Matthes & Seitz Berlin
ermöglicht durch Jan Szlovak, Hamburg

MSB Matthes & Seitz Berlin Verlagsgesellschaft mbH
Göhrener Straße 7, 10437 Berlin
info@matthes-seitz-berlin.de
info@naturkunden.de

EINBAND UND TYPOGRAFIE Pauline Altmann, Berlin
nach einem Entwurf von Judith Schalansky
TITELILLUSTRATION Pauline Altmann, Berlin
SCHRIFT Ingeborg von Michael Hochleitner/Typejockeys
LITHOGRAFIE Tomas Mrazauskas, Berlin
HERSTELLUNG Hermann Zanier, Berlin
PAPIER 100 g/m² Fly 04 hochweiß, 1,2-faches Volumen
EINBANDMATERIAL Napura® Khepera von
Winter & Company GmbH, Lörrach
DRUCK UND BINDUNG Pustet, Regensburg

ISBN 978-3-7518-0205-5

www.naturkunden.de
www.matthes-seitz-berlin.de